基于深度学习的视频物体分割方法与技术

程景春　著

科学出版社
北　京

内 容 简 介

本书介绍了视频物体分割任务的理论、技术与应用。全书分为四大部分，第一部分（第1章～第3章）介绍了视频物体分割的研究现状和理论基础，主要包含国内外相关研究、视频物体分割基础概念、两类融合算法的具体实现与实验分析；第二部分（第4，5章）介绍了视频物体分割算法在训练阶段和测试阶段的优化技巧，主要包含训练阶段针对性的样本扩充、损失函数设计与测试阶段的后处理算法对比分析；第三部分（第6章）介绍了算法的评价方式，重点针对无监督条件下如何评价算法性能进行了细致解析；第四部分（第7，8章）给出了技术的具体应用，包括视频编辑、人机交互、智能监控、智慧医疗等场景，并对视频物体分割进行总结、展望未来发展趋势。

本书语言清晰易懂，内容深入浅出，可读性强，可作为人工智能、计算机、软件、仪器等专业本科生、研究生的参考书，也可供相关研究人员和工程师使用。

图书在版编目（CIP）数据

基于深度学习的视频物体分割方法与技术 / 程景春著. -- 北京 : 科学出版社, 2025. 6. -- ISBN 978-7-03-081996-3

Ⅰ. TP302.7

中国国家版本馆 CIP 数据核字第 202581Q06M 号

责任编辑：闫　悦　曹景旭 / 责任校对：胡小洁
责任印制：赵　博 / 封面设计：蓝正设计

科学出版社 出版
北京东黄城根北街 16 号
邮政编码：100717
http://www.sciencep.com
北京中科印刷有限公司印刷
科学出版社发行　各地新华书店经销
*
2025 年 6 月第　一　版　开本：720×1000　1/16
2025 年11月第二次印刷　印张：10　插页：6
字数：199 000
定价：98.00 元
（如有印装质量问题，我社负责调换）

前言

基于人工智能（artificial intelligence，AI）的图像识别技术在信息产业、公共安全等多个行业得到了广泛的应用。随着数字城市、智能监测等技术的发展，对于智能视频分析等技术的需求日渐迫切。

视频物体分割是智能视频分析领域的一项基础研究任务，旨在从视频中自动提取出指定目标物体的像素级别分割掩模，具有重要的理论意义和广泛的应用场景。在科学研究方面，视频物体分割融合了计算机图形学、深度学习、模式识别等多种理论与方法，可以实现对视频内容的高效提炼与解析；在工业应用方面，视频物体分割技术能辅助快速处理高速增长的各类视频监测数据，在道路监控、安防安保、无人驾驶等诸多领域发挥重要作用。

本书立足于工业领域对视频物体分割技术的迫切需求，结合国内外相关研究成果，从基础任务定义出发，介绍视频物体分割的理论、算法、训练和优化技巧，以及算法性能的自动评价方法，提出两种视频物体分割算法、一种光流数据扩充技术、一种损失函数设计技巧、两种掩模优化方式以及算法自动评价模型，为视频分割领域提供重要的理论基础和技术支撑。

本书共由 8 章组成。第 1 章叙述视频物体分割的任务定义、基础概念和国内外研究现状等；第 2、3 章分别阐述光流和分割融合、追踪和分割融合的视频物体分割算法，介绍光流和追踪在智能视频处理算法中的重要作用；第 4 章介绍深度学习类分割算法的训练技巧，针对基于深度学习的视频物体分割算法，具体分析训练样本、训练损失函数对模型的影响，并结合具体的光流数据扩充方法、掩模-边缘联合损失函数设计方法进行实验验证；第 5 章归纳视频物体分割算法的掩模优化方法，为算法精度的提升提供多种通用的后处理方法，给出其性能对比和分析；第 6 章提出一种视频物体分割算法的质量评估方法，通过时空域深度特征信息，实现无需人工标注的掩模质量评估，为算法在无标注视频上的性能分析提供有效途径；第 7 章具体介绍视频物体分割技术在各领域的应用前景；第 8 章为总结并对发展趋势进行展望。

本书受国家自然科学基金项目（62206008）资助，书中主要内容源于作者近五年在视频物体分割领域的研究成果，这些研究成果是在国家自然科学基金项目（61771288、62206008）、中国博士后科学基金面上项目（2021M690293）等的支持下实现的，在此表示感谢！

限于作者水平有限，书中不足之处在所难免，敬请读者批评指正！

作者

2024年12月

目　录

第 1 章　绪　　论

视觉信息大约占人类对外部世界的感觉信息量的 80%[1]，为人类认知提供了最重要的基石。视频作为大数据和互联网时代最主要的非接触式视觉信号的交流和表达方式，为人们的生产生活提供了强大的安全保障，为人们的工作提供了极大的便利，同时也对智能算法提出了高难度的信息提取和处理的挑战。如何高效精准地处理、提取视频传达的视觉信息尤为重要，因此，智能视频处理领域涌现出诸多实用任务的研究，如视频运动片段分割[2]、视频异常检测[3]、视频物体分割[4]等。本章阐述智能视频处理中关键技术之一的视频物体分割技术的概念、应用领域、关键问题和研究现状。

1.1　视频物体分割的概念

1.1.1　计算机视觉处理任务的语义层级划分

计算机视觉处理的任务按照语义层级划分，可分为低层级、中层级和高层级三种级别。

在低层级视觉处理任务中，算法的处理方式大多与视频或图像的内容无关，通常算法的输入为图像，则输出也为图像，输入为视频，则输出也为视频，如图像去雾算法[5,6]、图像去模糊算法[7,8]、图像过分割算法[9]等。这些任务中的视觉处理并不需要理解图像语义，图像内容的类别、图像中目标位置等信息并不影响任务的处理结果，算法只通过统计规律或者预估参数便可完成图像处理任务。如图 1.1 所示的单图暗通道图像去雾算法，基于暗通道假设和大气光传输模型进行了数学建模，从带雾图像的像素值 $I(x)$ 中，使用暗通道先验估计出透射系数 $t(x)$，将大气光强度 A 设置为常数，然后通过转换公式 $J(x)=\left[(I(x)-A(1-t(x)))\right]/t(x)$ 直接计算，便可得出去雾图像 $J(x)$。该处理过程对森林山谷图像、湖面天鹅图像的处理流程是一样的，不涉及对图像内容的识别和理解。

（a）带雾图像：$I(x)$　　（b）去雾图像：$J(x)=\dfrac{I(x)-A}{t(x)}+A$

图 1.1　低层级视觉任务示例（暗通道图像去雾算法[5]）

中层级视觉任务要求算法能够从视频、图像中提取特征，进行解析和处理，从输入的图像、视频数据中估计出其相关关系，或预测出新类型的数据，如视频光流预测[10]、基于聚类算法的图像分割[11]、视频追踪[12]与图像匹配[13]等。算法基于数据特点对其进行一定程度的抽象和特征提取，但并未上升至人类语义级别，如图 1.2 所示，文献[12]所提算法根据图像中层语义特征提取待匹配图像对的局部关键点，并计算特征距离实现图像对的关键点匹配，为两张图像的对齐和拼接提供了信息。

高层级视觉任务蕴含的语义信息与人类认知接壤，要求算法能够理解和掌握人类认知层级的语义信息，如识别图像中的目标类别和位置[14,15]、鉴定人类面部图像表达的情感[16]等。几种常见的高层级视觉任务有图像分类、目标检测和图像分割。这几种任务的难度逐级上升：图像分类任务仅要求算法对整张图像进行归类，如分类为含狗的图像、含飞机的图像、含汽车的图像等；目标检测任务需要算法输出坐标框级别的物体类别；图像分割任务则要求算法给出图像中像素级别的类别信息。图 1.3 所示为图像分类、检测、分割任务的算法常见预测结果表现形式示例。其中，分类结果 c 表示图像分类任务的类别号，一般为整数；检测任务的预测结果中，x, y, w, h 分别代表预测出的物体检测框在图像中的左下角点坐标(x, y)，以及检测框的宽度 w 和高度 h；分割任务中则直接给出像素级别的分类结果图掩模，掩模大小和原图一致。

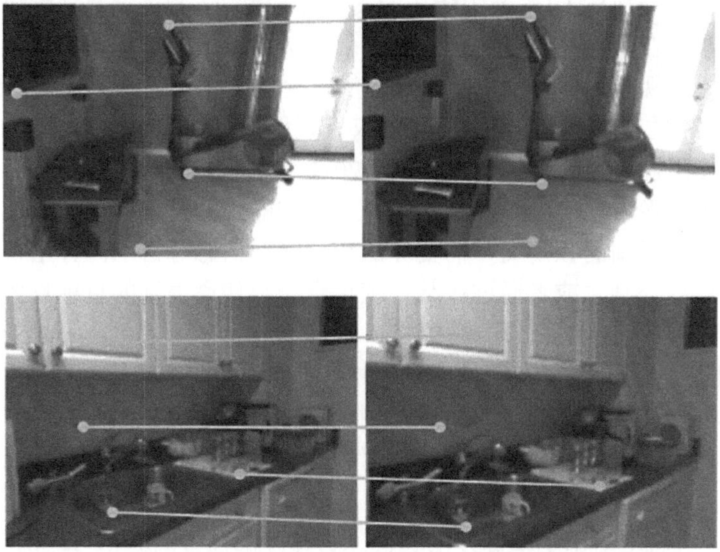

图 1.2　中层级视觉任务示例（基于关键点匹配的图像配准任务[13]）

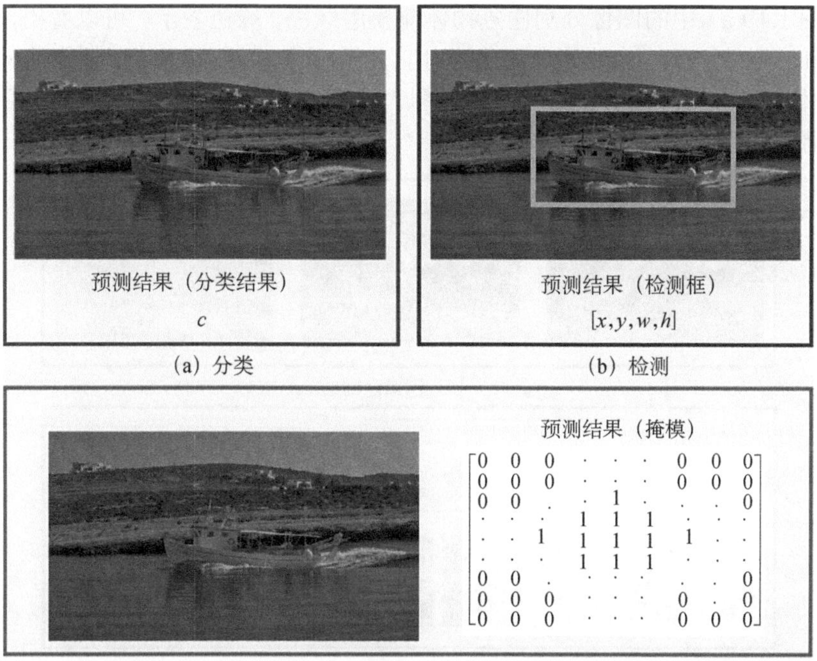

(a) 分类　(b) 检测　(c) 分割

图 1.3　常见的图像分类、检测、分割任务及其预测结果

1.1.2 视频物体分割的定义

视频物体分割与 1.1.1 节中所述的图像分割类似，都需要算法给出像素级别的类别结果。在视频物体分割任务中，算法需要给出视频每帧图像中的像素级别物体掩模。视频物体分割与图像分割的主要不同点在于以下几个方面。

（1）类别的未知性。图像分割算法仅处理已知类别的物体图像，如在算法的训练阶段使用包含“人”“车”“狗”等 20 类物体掩模的标注图像进行训练，则算法在处理图像时也仅能分割出这些特定类别的物体掩模；视频物体分割则大多不给出物体类别的预定义，需要算法根据运动信息等自动区分出视频中的主要物体并进行分割，或者通过在某一帧指定一个任意类别的目标物体，要求算法分割出该目标在全部视频中的掩模。

（2）图像的连贯性。在图像分割中，算法处理的图像数据不存在关联性，每张图均可视为独立的处理任务；在视频物体分割中，由于视频是流体结构，其每一帧图像内像素包含的空域信息与相邻帧图像直接存在时域（视频在时间上的信息）的连续性。

图 1.4 直观地给出了图像分割和视频物体分割任务的联系与区别示例。图像分割和视频物体分割均要求算法从可见光图片数据中分割出像素级别的物体掩模。图 1.4（a）中的图像分割任务物体掩模用红色、绿色表示，可以看出，图像之间相互独立，不存在类别、运动等对应关系；图 1.4（b）中的视频物体分割任务物体掩模用红色表示，第一行彩色图为视频帧间运动信息的示意图，显示了视频帧图像之间强烈的时空联系性。

（a）图像分割

（b）视频物体分割

图 1.4　图像分割与视频物体分割的联系与区别示例（见彩图）

1.1.3 视频物体分割的任务划分

针对不同的应用场景，视频物体分割存在多种任务划分方式。

1）按照监督方式划分

按照待分割视频的首帧是否给出了人工标注，视频物体分割可划分为“无监督视频物体分割”和“半监督视频物体分割”两类。

（1）无监督视频物体分割。无监督视频物体分割是指在测试视频中不给出任何指定信息，由算法自主识别到视频中的主要物体，并在所有视频帧中把这个物体分割出来。该类型的视频物体分割任务要求测试视频具有单一的主要物体，以便于算法区分和识别。

（2）半监督视频物体分割。在半监督视频物体分割中，待测视频在第一帧中给出由人手工标注的目标物体掩模，掩模中给出需要算法分割的一个物体或多个物体。算法通过对每个待测视频首帧标注的挖掘和学习，实现对目标物体的分割掩模预测。

2）按照分割目标数量划分

按照待测视频中是否仅包含单个分割目标，视频物体分割可以分为“单目标视频物体分割”和“多目标视频物体分割”两类。

（1）单目标视频物体分割。单目标视频物体分割，又称视频主要物体分割，要求待测视频中包含单一的主要目标，如街舞视频中众人围观圈子中心的跳动舞者、监控视频中唯一挪动的车辆等。由于存在区别于场景内其他物体的主要目标，单目标视频分割可允许算法在无监督的情况下进行分割，通过对视频内容的理解和分析自动获取目标信息。

（2）多目标视频物体分割。多目标视频物体分割需要算法同时给出数个指定目标的分割掩模，如同时跳舞的数名舞者、车流中的多辆汽车等。由于目标之间可能不存在较大的区分性，多目标分割只能在半监督条件下进行，算法需要根据人工标定的目标掩模识别出不同目标之间的差异，从而进行各物体的分割。

3）按照人工交互划分

按照算法分割过程中是否允许人工交互，视频物体分割可以分为“非交互视频物体分割”和“交互式视频物体分割”两类。

（1）非交互视频物体分割。无监督视频物体分割的算法处理过程中不涉及人工标注和矫正，属于无交互视频物体分割。在半监督视频物体分割中，若算法仅根据人工标注的视频首帧掩模进行优化，在处理待测视频过程中无须人工干预，算法预测结果为最终输出结果，则也属于“无交互视频物体分割”。如图 1.5（a）所示，半监督视频物体分割任务在首帧给出三个目标物体人工标注的像素级别掩模（分别用红色、绿色、蓝色表示），算法根据首帧标注进行训练优化，并实现对待测视频的分割（为了方便观察，图中将算法预测结果中三个目标的红、绿、蓝掩模与原始图像叠加显示）。

（2）交互式视频物体分割。交互式视频物体分割任务适用于对掩模精细度要求较高且允许人工互动的场景。在算法预测过程中，交互式视频物体分割允许算法与人工进行多轮互动，第一轮中人工给出部分视频帧的粗略标注，算法根据第一轮的标注信息调整参数，预测出第一轮优化后的掩模，此时一般掩模预测性能较差，如图 1.5（b）中的算法预测（第一轮）所示；在得出预测掩模后，通过人工交互为算法提供校准信息（图中用红、绿、蓝、黑的线条标注，代表此处像素真值应该分别对应三个目标物体和背景）；算法基于标注进行迭代调整，获得第二轮的预测结果，从图中可看出，经校准信息重新优化训练后，第二轮的掩模预测性能有明显提升；以此类推地迭代下去，直至算法精度达到待测视频的应用需求。由于交互式视频物体分割允许多轮迭代，因此算法的处理时间、精度可控，在不计时间成本的情况下，可以达到近似真值的超高预测精度。

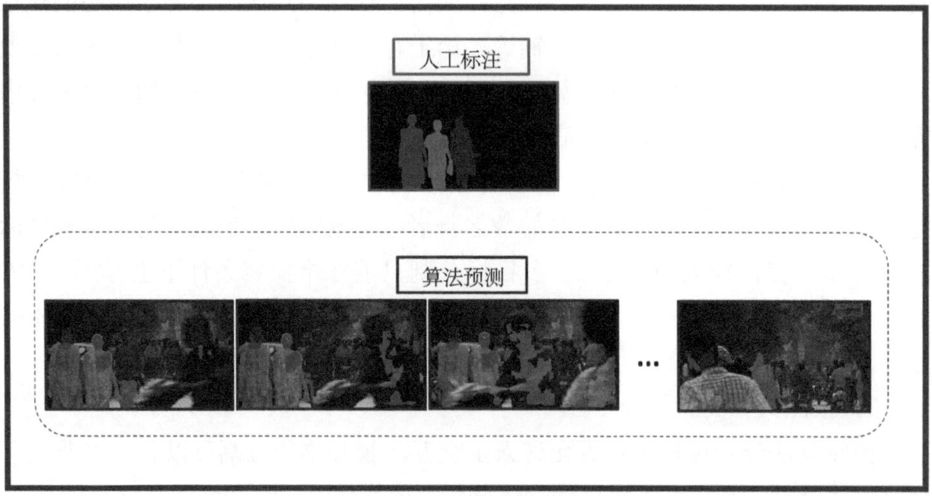

（a）非交互式视频物体分割算法：算法预测独立于标注训练

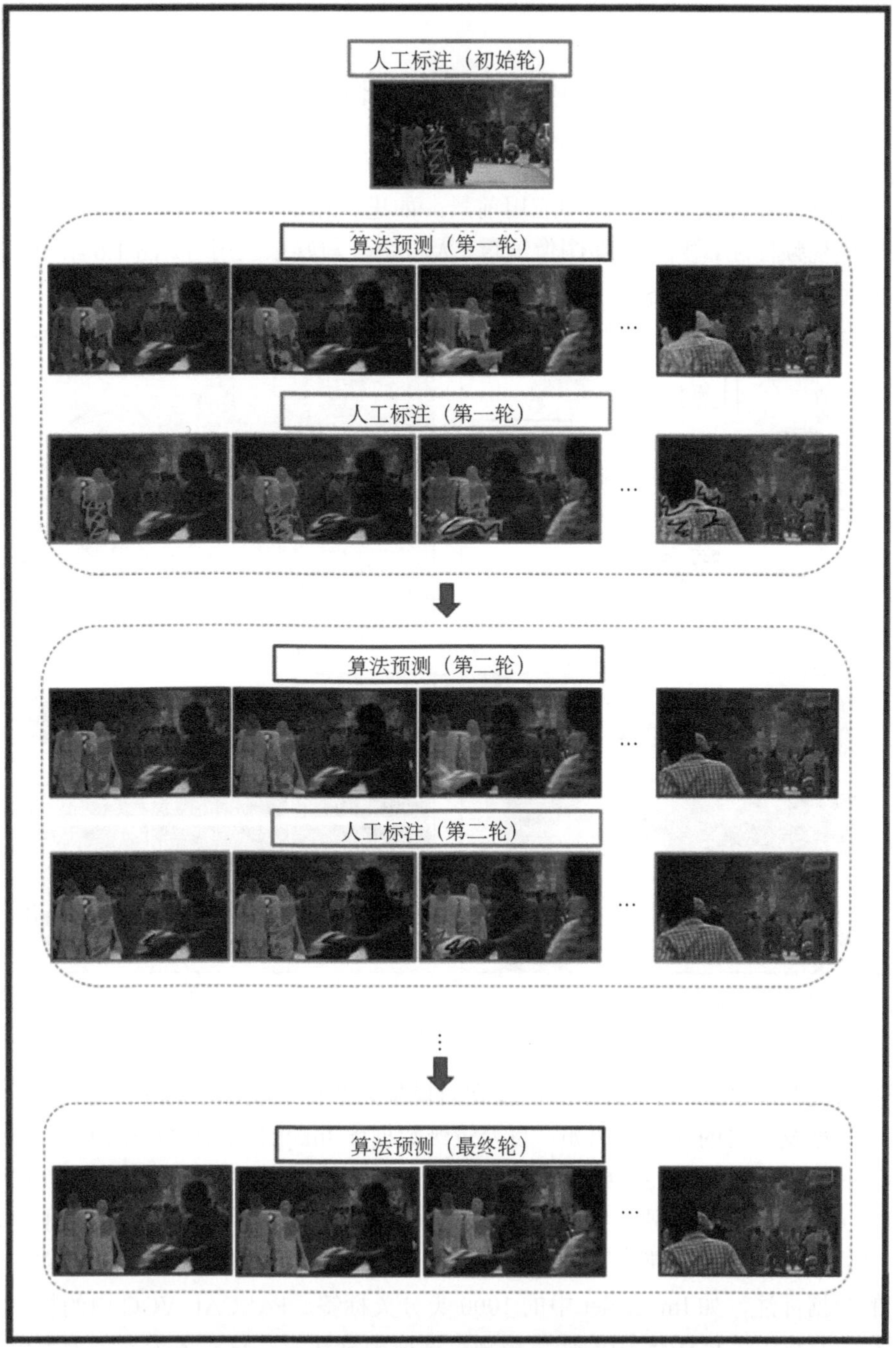

（b）交互式视频物体分割算法：算法预测根据人工交互标注迭代优化

图1.5 非交互式与交互式视频物体分割算法示例（见彩图）

1.2 视频物体分割的应用领域

视频物体分割具有广泛的应用前景，如进行精细目标追踪、辅助人类进行大规模视频标注、智能视频/图像编辑、人机交互与娱乐应用等。图 1.6 给出了部分应用案例示意图，各应用的描述如下。

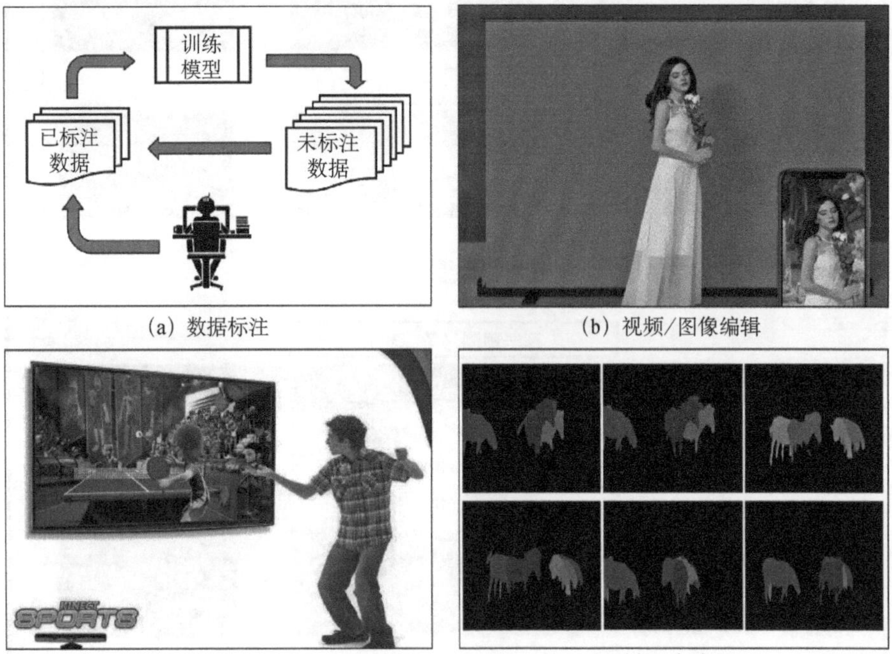

(a) 数据标注　(b) 视频/图像编辑

(c) 人机交互　(d) 目标追踪

图 1.6　应用示例图

（1）数据标注。当前大多数深度学习模型为数据驱动型，模型的发展离不开海量数据及标签的支持。例如，百万量级数据库 ImageNet[17]的发布使分类神经网络井喷式出现，性能得到了阶跃式提高；物体检测类数据集 PASCAL VOC[18]和 COCO[19]、自动驾驶数据集 KITTI[20]、视频分割数据集 DAVIS[21]的推出也使对应领域算法的发展获得了极大增益。然而，高质量的数据集需要大量级的、精细的数据标注，如 ImageNet 中的 1000 类分类标签、PASCAL VOC 中的物体类别和位置标签、DAVIS 中的像素级别目标掩模标注等，这对人力、物力提出了巨大需求。以当前大火的 ChatGPT 依托模型 GPT-3.5[22]为例，其训练数据量达到 45TB，成本超过 1200 万美元。视频物体分割算法用于数据标注，可大大缓解这一任务对人工的需求量。如图1.6（a）所示，仅需要人工标注部分视频帧中的物体分割掩模，然后训练相应的视频物体分割模型，便可由模型处理其余未标注数据，将其全部转换为带高质量标注的、方便模型训练优化的数据库，起到了增加标注数量、提升标注效率、降低模型训练成本和准入门槛的作用，有利于推动深度学习大模型的发展。

（2）视频/图像编辑。娱乐领域是视频物体分割算法最直观的应用领域，如对图像、视频进行剪辑操作、擦除特定区域的目标物体、将某一目标物体替换为渲染后的动漫角色、将目标物体提取出后进行背景置换等。算法在景点拍照、艺术摄影、电影制作、视频播放的字幕无遮挡嵌入等实际应用中具有广泛的需求，如图1.6（b）所示的婚纱摄影，通过视频物体分割获取新娘的前景像素点，然后替换相应背景视频，合成唯美的婚庆短片。当前的视频物体分割技术精度不能完全满足需求，实际应用中大多需要使用特定绿幕作为背景，或需要人工参与抠图与修正。因此，发展高精度、高效率的视频物体分割算法，有利于降低视频/图像编辑类实际应用对环境的限制，减少人力和技术需求，有助于应用的推广。

（3）人机交互。人机交互可以通过人与计算机之间的沟通与反馈实现有效对话、显示、更新等，常被用于阅读浏览、设备控制、虚拟现实游戏等。基于视觉的人机交互是人机交互中应用最广泛的一种，也是一个热门研究领域。视觉交互可以通过摄像头等外部设备获取人类的面部表情、手部动作、肢体语言等，进而转化为计算机所需的输入，辅助机器理解使用者当前状态，并给出对应的信息输出。视频物体分割算法用于人机交互，一方面可以通过通用的视频物体分割（即前景分割）实现视频中主要目标的提取，以供机器理解处理或简化运算；另一方面也可通过针对使用者优化后的视频物体分割算法，实现针对某一目标的掩模分割和提取，提供给计算机进行专门渲染，获取更逼真的模拟效果，并基于此实现增强现实或虚拟现实应用，如图1.6（c）所示。

（4）目标追踪。视频物体分割可以看作像素级别的目标追踪。常见目标追踪算法通常以检测框粒度进行物体追踪，输出目标物体在每帧视频中的方框位置；而视频物体分割则可视为更精细粒度的目标追踪，其输出结果为目标物体在每帧视频中的像素级别分割掩模。图1.6（d）给出了多目标视频物体追踪结果的应用示例，展示了同一视频不同帧中各跟踪目标的分割掩模（以不同灰度表示）。可以看出，相比于传统跟踪算法，视频物体分割算法能够给出更精细的跟踪结果，更能适应非刚性物体的形变，能够为无人机、智能监控平台等具备相应需求的设备和系统提供更好的技术支持。

1.3 视频物体分割中的关键问题

视频物体分割任务针对不同的应用场景和具体需求有不同的侧重点和需要解决的关键问题，以下分四个具体需求方向进行分析。

（1）针对快速分割需求，需要解决模型小型化与高效分割问题。

在常见终端应用场景，如视频网站的字幕嵌入、业余爱好者在手机端处理合成视频等实际应用中，使用者对视频目标分割掩模精度要求并不太高，但要求算法能够使用有限的计算资源进行实时处理。此时，在资源的限制下，要求视频物体分割算法探索更小型化的预测模型和更简洁的处理流程，并在其中寻找速度和精度的均衡，在一般人可接受的掩模精度范围内实现快速（最好是实时的）视频分割。本书在第 3 章中着重探索这一问题。

（2）针对精准分割需求，需要模型具备不断优化的能力和超越人工抠图的性能上界。

对于专业性强、精度要求高的应用，如影视作品制作，使用者可以容忍模型的长时间处理，但要求算法给出精细的分割掩模（例如将目标人物细致，如头发丝的部分都分割出来）。针对这类问题，模型可以进行多轮交互式迭代优化，见图 1.5（b），但其算法架构、参数设计等需要具备实现抠图（image matting）任务的能力，研究的重点问题应在保障该分割能力上界与如何快速根据在线更新的信息实现网络优化上。本书在 1.4.3 节中介绍适合这一任务的交互式视频物体分割算法的发展与研究现状；第 4、5 章则探索高精度分割算法。

（3）针对特殊形状目标追踪需求，需要模型能够提取涵盖范围广、描述力强、刻画粒度精细的图像描述子。

对于具体视频的特定需求，如特殊形状目标的追踪分割（花瓣、绳索等），在通用目标检测分割数据中训练出的模型往往不能将目标识别为物体，会出现能够检测到整朵花但无法锁定花瓣、直接将绳索当作背景像素等问题。这些问题大多是由于分割模型的参数仅针对通用物体进行了训练优化，不能对训练中未涉及的物体提供具有鉴别力的特征描述。如果需要算法能够识别特殊形状目标，则要求其要么具备在线训练功能（可针对首帧标注的目标调整模型参数，形成新的描述子）；要么其本身具备涵盖世界场景的基准特征并可组合出任意形状、大小的目标描述子（如 Segment anything model[23]）。

（4）针对多目标追踪需求，需要模型具备区分实例与目标重识别的能力。

特定需求的另一常见例子，如多目标视频物体分割（群聚目标），需要算法具备实例区分的能力（如从同一帧图像的人群中区分出具体的不同个体），同时也需要算法具备目标重标识的能力（如从不同视频帧中识别出特定个体），以防止目标进出视频拍摄范围导致的目标失锁（找不到目标）与错配（混淆不同目标）。

1.4 视频物体分割的研究现状

1.4.1 图像分割技术的研究现状

视频物体分割与图像分割（也称图像语义分割）技术存在诸多相似之处，两个任务均要求算法从目标图像（或视频帧图像）中判断出像素级别的类别信息，并给出掩模标注。不同之处在于图像分割任务中的个体不存在时域连贯信息，且大多为通用类别、较完整的物体（如人、车、猫、狗等），而视频物体分割中则要求对不同视频帧中的同一物体进行跟踪和判断，且目标物体可能是任意指定的整体或非整体（非整体如人的某根手指、钥匙串上的某个钥匙、动物身上的某个斑点等）。尽管视频物体分割任务往往具有较大难度，但其与图像分割的基础技术存在相通之处，因此，本节给出图像分割技术的简单发展介绍。

传统的图像语义分割技术通常通过简单的阈值划分[24]、像素聚类[9,25]、区域融合[26]、图论[27,28]等方式实现对图像内容的差异化分析和标签预测（图 1.7）。其中，阈值划分类算法[24]简单直观地通过设置不同的灰度阈值进行图像分割，仅适用于目标灰度均匀且与背景存在明显灰度差异的图像，很难独立处理实际任务中的复杂图像；像素聚类算法[25]则大多通过图像的像素、边缘等纹理信息进行相似度聚合和划分，能够更好地适应彩色图像分割需求，但当图像中存在像素纹理不同但语义相同的区域时，算法会产生混淆和判断失误；区域融合类算法[26]采用区域生长、区域分裂合并等方法，将初始种子点（目标物体上的单像素点或小区域标注）通过与周边种子点、区域连通进行逐渐扩张，最终形成整体分割，算法具有较高的计算复杂度且性能不稳定，受相似度评分定义影响较大；图论类算法，如 GraphCut[27]、GrabCut[28]等经典算法，将图像视为加权无向图，将分割问题转化为图的最优划分问题，通过图的优化算法实现分割，同样具有计算复杂度高、处理速度慢且难以应对复杂图像等问题。

基于深度学习的图像语义分割技术在复杂图像分割任务上的性能相较于传统算法取得了阶跃式的突破。神经网络能够通过海量数据的自适应训练与挖掘学习出具有极强鉴别力和一致性的图像描述子，因此，可以更充分地利用图像

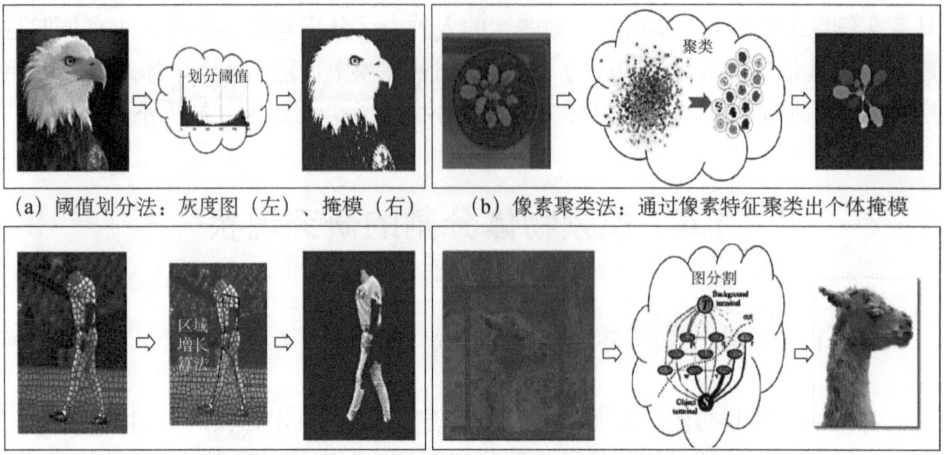

（a）阈值划分法：灰度图（左）、掩模（右）　（b）像素聚类法：通过像素特征聚类出个体掩模

（c）区域融合法：子区域融合与扩张形成掩模　（d）图论：像素间的图连接与分割

图 1.7　传统图像分割技术示例

语义信息，以应对实际应用中多种多样的复杂分割要求。早期的深度学习分割算法全卷积神经网络（fully connected network，FCN）[29]将图像分类网络通过简单调整形成全卷积神经网络，并训练其进行图像分割（像素级别分类），获得了惊人的性能提升。此后，研究者开始大量研究如何使用深度学习技术实现图像分割，形成了 DeepLab 系列[30-33]、U-Net 系列[34-36]等诸多高精度、高效率的检测框架。当前先进的检测框架大多使用了多种多样的网络或技术，其中几种较为有效、通用的技术包括：编码器-解码器结构、注意力机制与多尺度特征融合。

（1）编码器-解码器结构。典型的编码器-解码器结构如图 1.8 中 SegNet 框架[37]所示：编码器部分由一系列的卷积和池化操作组成，逐渐减少特征图尺度，强制网络提取到更高层级的语义特征；解码器部分则由一系列卷积和上采样层构成，逐层扩大特征图尺寸，强制其恢复图像细节信息，最终输出与原图尺寸一致的图像分割掩模。这一架构可提供方便的跨层连接和分级语义特征，同时兼顾了分割速度和精度，常见的高效分割网络如 U-Net[34-36]系列便是采取了类似的结构搭建。

（2）注意力机制。由于卷积神经网络的单个神经元只关注附近一定大小区域的信息（感受野），许多算法会通过引入注意力机制提升神经网络对全局信息的感知和利用。例如，Mask2Former 算法[38]引入掩模区域注意力特征辅助提升通用分割任务性能；SegNeXt 网络[39]通过使用卷积注意力替代自注意力提升计算效率等。在诸多算法中，常见的注意力机制为位置注意力和通道注意力，如图 1.9 所示的经典双注意力网络（dual attention network for scene segmentation，DANet）网络结构[40]所示，上路的位置注意力（position attention）着重整合图像整体与局部之间的空间信息，下路的通道注意力（channel attention）则着重提取各通道特征之间的关联信息。注意力机制可以促使网络关注到整张图像所有像素之间的关联，有效建模图像中的空间长距离依赖关系，进而形成更加一致、精准的分割结果。

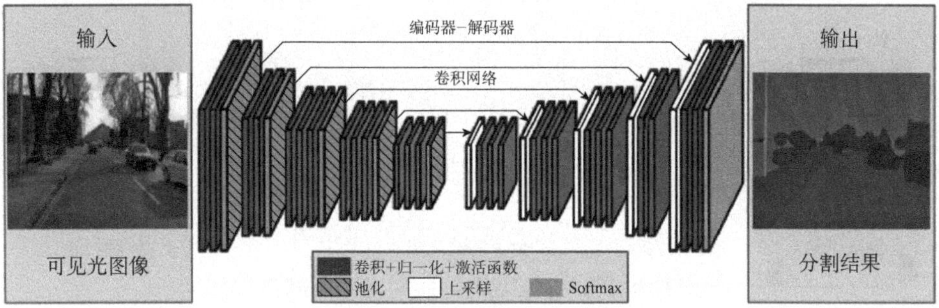

图 1.8 SegNet 编码器-解码器图像分割网络框图[37]

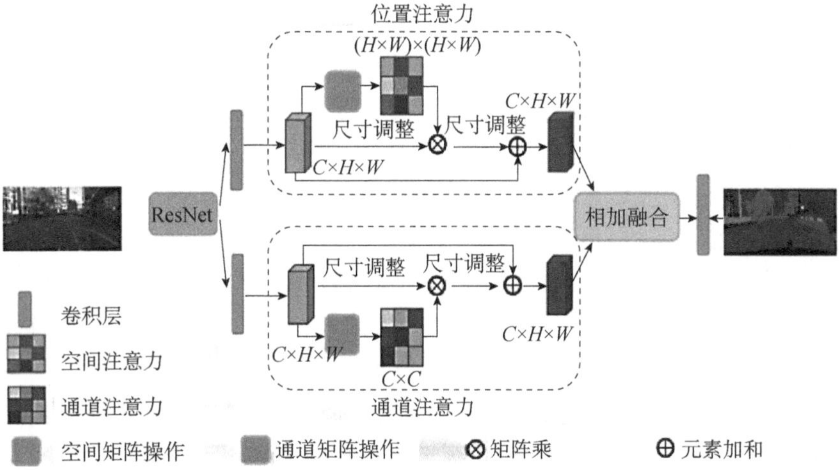

图 1.9 基于位置和通道注意力机制的图像分割网络 DANet（*C*、*H*、*W* 分别代表特征的通道数、高和宽）[40]

（3）多尺度特征融合。深度神经网络的特征在各层、各尺度下均有相应的描述倾向，如低层特征倾向于描述低语义层级的图像特性（图案、花纹等），而高层特征倾向于描述高语义层级图像特性（车轮、狗头部分等）；大尺度的特征图保留更细节的图像信息。融合图像多层级、多尺度、多位置（全局或局部）分布等不同类型特征信息这一操作，可以有效提升网络的分割性能，是图像分割网络常用的手段。例如，DeepLab-V3+[33]采用空洞卷积图像金字塔进行不同层级和位置的特征聚合；金字塔场景分割网络（pyramid scene parsing network，PSP-

Net）[41]（图 1.10）则采用不同尺度的卷积和池化操作进行尺度和层级上的特征堆叠。特征融合在有效增加神经元感受野、提升网络特征丰富度的同时，也带来了更多的网络支路链接、计算和内存消耗，是一把有效但也需约束使用的双刃剑。

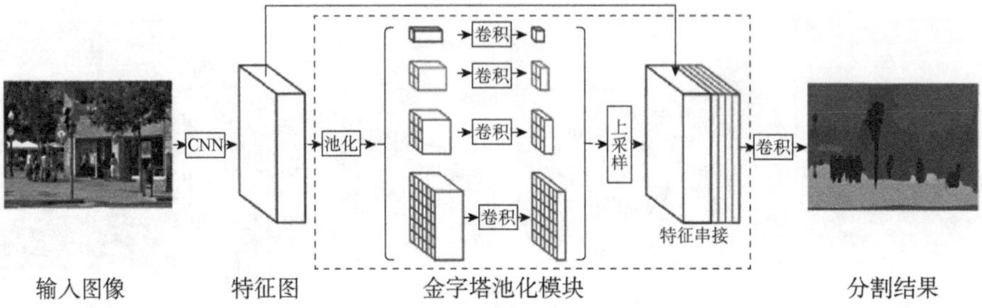

图 1.10　PSP-Net 与多尺度金字塔特征融合[41]

1.4.2　无监督视频物体分割的研究现状

无监督视频物体分割算法主要针对具有单个主要目标的视频，这里的主要目标指的是视频中占据大部分前景像素的目标、视频的主要运动目标、视频中唯一始终出现的目标等。在深度学习类算法之前，研究者通常将无监督视频物体分割任务视为图像显著性区域检测和差异性计算问题，使用数学建模求解，例如，文献[42,43]所提算法基于运动信息分析显著性提取分割掩模；文献[44,45]所提算法构建前景、背景优化模型求解；而文献[46,47]所提算法则通过分解和筛选候选区域组合成目标掩模。这些算法大多需要精细的设计和复杂的求解过程，计算时间长，且算法鲁棒性有限，切换场景后需要重新调整参数。

深度学习类算法[48-54]通过大数据训练得到高效的神经网络进行视频特征提取与分割，极大地提升了无监督视频物体分割的精度和可用性。常见的深度学习无监督视频物体分割算法基于视频帧图像信息[48]、运动光流信息[49]等输入信息，利用卷积神经网络（convolutional neural network，CNN）[50]、长短期记忆网络（long short-term memory，LSTM）[51]、图神经网络（graph neural networks，GNN）[52]，构建出相应的表观模型[53]、传播模型[54]等进行视频物体分割。其中，运动光流信息是指视频帧图像之间的像素点级别的运动特征（在本书 2.2 节中有详细介绍）。在利用目标物体外貌与背景之间的差异、外貌在相邻帧之间的一致性等表观信息进行分割的表观模型中，运动光流的幅值图可起到辅助确定分割区域的作用；在利用目标物体与背景之间的运动差异、目标物体的大幅运动信息、目标物体帧间运动连贯性等进行分割的传播模型中可起到提供关键的帧间连接信息的作用。一种典型的使用方式是同时将图像和运动光流作为网络输入用于视频物体分割，如典型的 FusionSeg 算法[55]。如图 1.11 所示，FusionSeg 算法融合使用图像和运动光流信息，搭建了一个双支卷积神经网络，用于视频物体分割，通过网络性能对比与分析，同时论证了物体表观信息、运动信息对视频分割的重要作用。

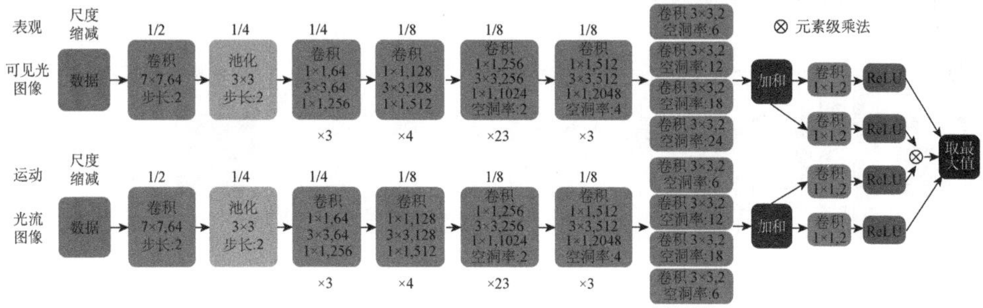

图 1.11　FusionSeg 算法的网络框图[55]

1.4.3　半监督视频物体分割的研究现状

半监督视频物体分割要求算法根据待测视频首帧的标注信息，跟踪并给出标注中目标物体在其后整个视频中的像素级别分割结果。早期的半监督类算法[56-58]通常基于视频过分割结果（过分割是指将图像分割成过多小区域，通常会将一个完整的物体分割成多个小片段，适用于需要精细边界或局部特征的任务）、追踪轨迹等实现这一功能，但由于特征缺乏针对性，其很容易跟丢目标，且对目标的形变很不敏感，分割性能较低。

深度学习类算法在实现高质量的无监督视频物体分割的同时[48-54]，也提出了一种简单直观的半监督方法[59-62]，即在线训练：在获取到待测视频第一帧标注后，针对此标注信息进行模型的前向传播和反向传播，为每个待测视频调配出一组最优的模型参数。由于需要在每个测试视频上进行网络训练，在线训练过程不仅耗费了更多的处理时间，还对硬件具有更高要求（要求使用者的硬件设备不仅能支持网络预测分割结果，还要能够支持网络训练优化）。这使算法整体显得效率低下，且大大提升了半监督模型的使用门槛，不利于推广应用。

基于上述问题，研究者试图通过传播、匹配等方式使半监督视频物体分割摆脱耗时耗力的在线微调过程。传播类算法利用视频帧之间的时序信息，将视频前序帧的图像和分割掩模（标注或预测结果）等作为输入，利用视频帧图像的时域连续性将分割掩模传播到整个视频中。例如，MaskTrack 算法[63]直接将当前帧图像与上一帧图像的预测掩模输入神经网络，训练网络基于这两个输入预测出分割掩模随时序图像的传播结果，得出当前帧的目标物体区域；而图 1.12 所示的参考引导的掩模传播（reference-guided mask propagation，RGMP）算法[64]，则更为精巧地设计了一种孪生网络结构，其中一个支路负责编码当前视频帧图像与前序预测掩模；另一个支路负责编码视频首帧及其标注，然后合并输入解码器进行当前帧物体掩模的预测。

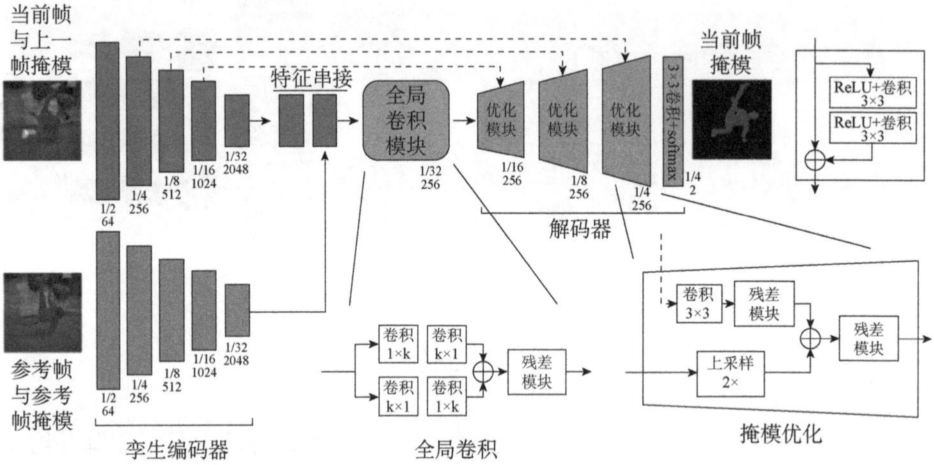

图 1.12　RGMP 算法的网络框图[64]

相较于传播类算法，匹配类算法对视频帧之间的时序信息并不敏感，而是通过视频帧图像跨帧的像素、区域等相似度来实现匹配和标签预测。图 1.13 所示为经典的匹配算法像素级度量学习（pixel-wise metric learning，PML）[65]的算法框架，PML 算法提出，结合首帧标注掩模和首帧图像的特征信息，训练得到像素级别的最近邻分类器；对于此后输入的待测视频帧，首先提取其特征信息，然后进行一次最近邻搜索，得出其类别信息。这一操作将用户输入与网络计算分离开来，占据算法绝大部分参数的深度网络在待测视频上并不进行参数更新，仅根据首帧输入信息更新最近邻分类器，每帧视频图像仅需要一次网络前向传播和一次最近邻搜索，大大加快了算法的响应速度。紧随 PML 算法，VideoMatch 算法[66]提出了使用一个软匹配层将待测视频帧映射到首帧像素中辅助分割；端到端嵌入学习的快速视频物体分割方法（fast end-to-end embedding learning for video object segmentation，FEELVOS）、时空记忆网络（space-time memory network，STM）等算法[67,68]则进一步搭建了端到端的、将当前帧匹配到前序多帧的分割方式。由于匹配类算法的高速和高效性，这一类算法逐渐受到半监督视频物体分割领域的偏爱，已成为一种主流研究方向。

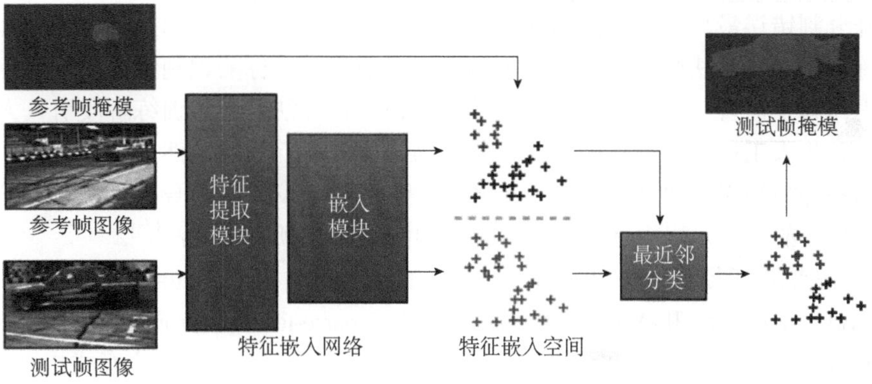

图 1.13 PML 算法网络框图[65]

1.4.4 交互式视频物体分割的研究现状

交互式视频物体分割任务旨在从交互过程中实时生成目标物体的视频分割掩模。与传统的无监督、半监督视频物体分割算法不同，交互式视频物体分割需要人工的校验与交互，需要同时考虑到设备的运行时间、内存容量、人类的反应时间等多重实际因素，需要应对的情况更加复杂多样。但由于人工参与交互且可以多轮迭代优化，交互式视频物体分割算法往往能够达到比非交互式算法更加精细的分割结果，更适用于对精度要求较高的影视剪辑等工作。

对于交互式视频物体分割算法而言，其目标主要在于以最小代价的人工交互实现最高精度的视频分割。传统算法通常通过求解能量函数和时空图特征[69,70]，构建图像和人工交互信息之间的对应关系函数并训练局部分类器[71,72]，使用追踪器实现分割[73,74]等方式达成这一目的。

随着深度学习算法在视频物体分割领域的繁荣发展，基于神经网络的交互式视频物体分割的研究也日益增加[75-78]。当前主流的深度学习类交互式视频物体分割算法大多包含交互、传导两大模块：用户在交互模块中为算法提供新的标注信息（如更正漏检、误检等错误分割结果），然后算法通过传导模块将新的标注信息传播到视频各个帧的分割中去，输出新一轮的、效果更佳的分割掩模。按照交互模块和传导模块是否进行统一优化训练来区分，可将交互式视频物体分割算法大致分为松耦合式[75-77]和紧耦合式[78]两类。其中，松耦合式算法的交互与传导模块通常为两个独立训练的神经网络；而紧耦合式算法中的交互与传导模块则共享参数、统一优化，形成一种端到端的训练与预测方式。

最初提出的交互式视频物体分割算法大多为松耦合式的，例如，文献[75]中介绍了一种简单的交互式视频物体分割方式，通过将人类标注转换为输入信息，提升分割错误最严重的帧图像的掩模质量，进而将该帧图像和掩模作为额外的训练数据进行算法微调，提升分割网络对当前视频目标的识别能力。这一算法的思路与半监督视频物体分割算法较为类似，在算法的在线训练阶段引入人工标注、将人工标注信息作为真值优化网络来实现交互模块，然后以交互模块产生的额外分割掩模独立优化分割网络（传导模块）。交互和传导模块的使用和定义在后续的算法发展中逐渐更加明晰，如图 1.14 中所示的算法[76]。

文献[76]所提算法搭建了稀疏到密集的交互网络（sparse-to-dense interaction network，SDI-Net）和稀疏到密集的传播网络（sparse-to-dense propagation network，SDP-Net）分别用于交互和传导，SDI-Net 录入用户对分割结果的交互式指示（正负样本区域的简单涂写等）并根据指示生成目标的分割掩模；SDP-Net 随机将分割掩模通过时序信息传播到视频的各个帧中，依次迭代八轮，直至达到最佳分割性能。在文献[77]所提算法中，交互与传导模块的连接变得更加紧密，直接通过神经网络的中间层特征串联的方式将交互模块的引导信息传递给传导模块，但两个模块的主体仍然独立更新。

随着对交互式视频物体分割算法研究的持续深入，研究者提出了一种更加精简的、能够全局统一优化的交互式视频物体分割方式，即交互与传导模块紧耦合式算法。以文献[78]所提算法为例，作者提出了一种一体化网络记忆聚合网络（memory aggregation network，MA-Net），网络框架如图 1.15 所示，将交互模块与传导模块通过像素嵌入学习合成统一的网络框架。该算法使用了创新性的记忆存储机制，可以将交互的内容作用至每一视频帧并存储下来，为新的交互提供特征图与记忆更新。交互、传导模块的共享参数、统一优化这一设定，极大地提升了算法的交互效率，增强了系统鲁棒性，减少了交互所需的人工标注数量，比松耦合式算法更适应问题本质，是一个值得进一步探索的方向。

1.5 本章小结

视频物体分割算法能够将任意指定物体以像素级别分割的方式与背景区分开来，是计算机视觉中的关键任务之一，在自动驾驶、视频编辑、监控等领域具有广泛应用。随着大数据时代的到来，如何快速、精确、细粒度地对动态场景中的单个或多个物体进行分割已成为研究者面临的重要挑战。本章大致介绍了视频物体分割算法的概念定义、应用领域、关键问题与研究现状，深入理解这些技术现状能够为相关领域的研究者和工程师提供有益的参考与指导。

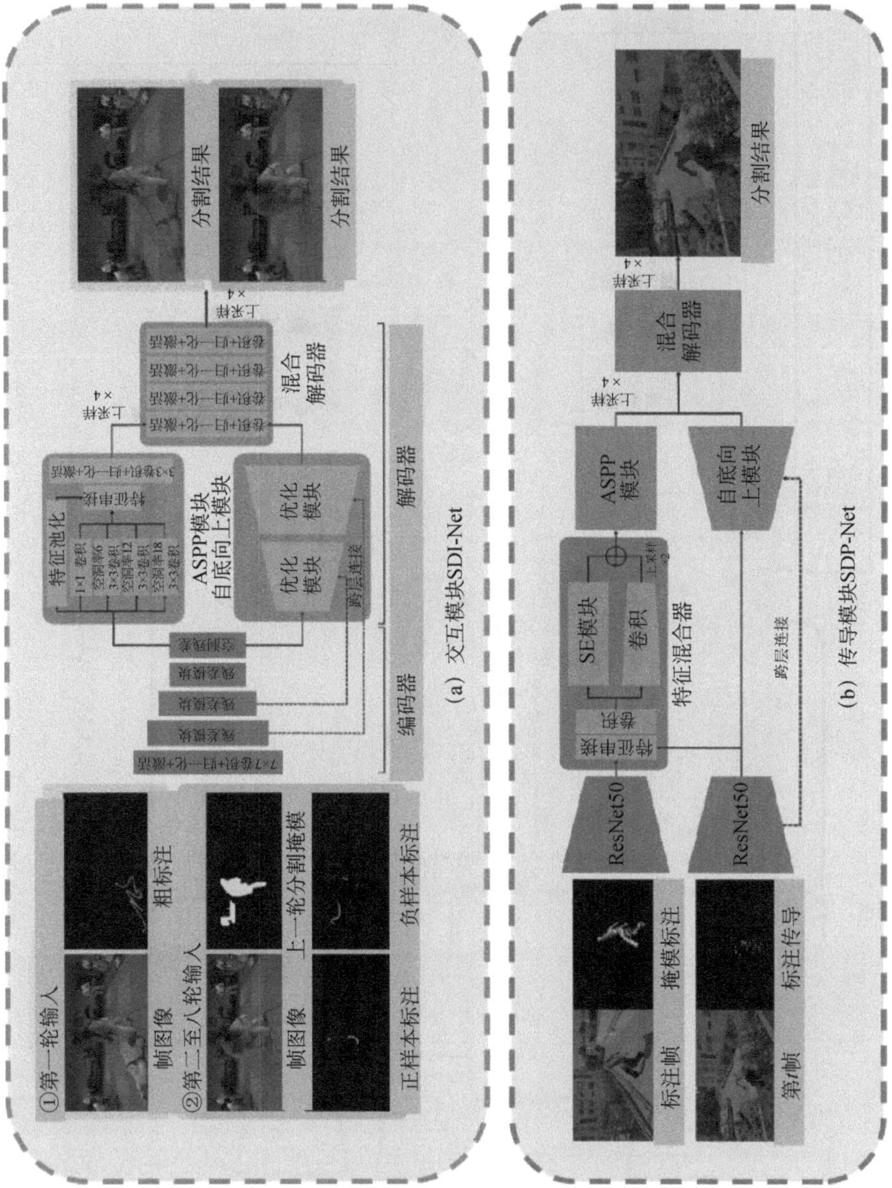

图1.14 交互模块与传导模块示意图（部分引自文献[76]）

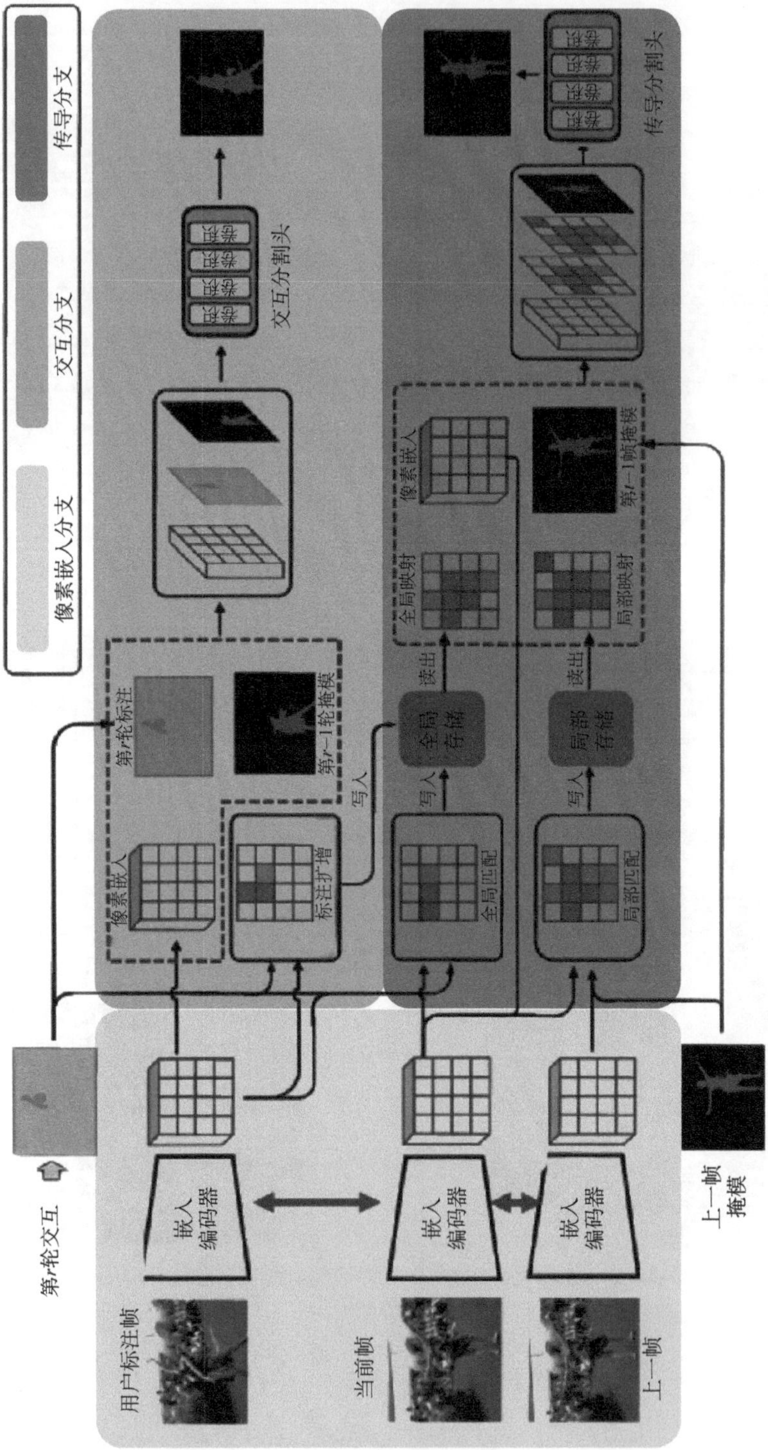

图 1.15　MA-Net 网络框图[78]

第 2 章　运动和表观特征融合的视频物体分割技术

2.1　引　　言

近年来，视频物体分割任务吸引了大量的研究目光，这是因为它具有多种多样的应用，如自动驾驶[20,79,80]、视频监控[81-83]、虚拟现实[84]等。视频物体分割任务的目标为在整个视频中将目标物体的像素与其他物体和背景进行区分，有效协助进行视频分析。

为了保持时序上的连贯性，运动光流经常被运用于此任务的算法中。然而，光流预测本身就是一个有难度的问题，当前算法预测得到的光流大有不实之处，而用错误的光流去辅助分割反而会削弱算法的效果，尤其是当物体快速运动时，非常容易出现这类状况。为了克服这点，有研究者提出应同时优化光流和分割，这样，光流可以指导物体分割的大概位置，而物体分割结果可以指导光流在何处应该平滑一致。在目标流（object-flow，OFL）算法[85]中，作者提出迭代地优化光流和分割，通过多轮在线迭代实现高精度分割，然而，该算法十分耗时，不利于实际应用。

本章提出一种高效的、基于深度学习的分割和光流联合训练预测的方法，设计一个一体化、端到端的卷积神经网络 SegFlow（Seg 代表分割，Flow 代表光流），可实现基于运动和表观特征融合的高效、高性能视频物体分割。该网络具有双支架构，一个支路学习分割特征，另一支学习光流特征，这两种特征通过网络连接在双支中双向传递，相辅相成。图 2.1 展示了该网络的预测结果示例，展示了基于运动和表观特征双支融合的架构较于单独基于表观特征的单支网络的优越之处。

本章提出的双支网络具有很强的普适性。对于任意两种相互关联的任务，均可采用类似的架构进行特征交融，使用统一架构同时预测两种输出，且在两种任务上均达到比单支网络更高的性能。在训练中，假如一个数据集同时具有

图 2.1　模型分割结果对比图（见彩图）

两种标注，那么直接使用两类标注进行训练即可。然而，视频物体分割的情况较复杂，其真实世界的运动向量难以测量真值，所以光流数据集和视频分割数据集是两个不同类型的、独立的数据库。在这种情况下，本章提出一种交替迭代训练方法，实现跨数据集的联合训练，使网络最终达到收敛。

为了验证算法结果，本章在 DAVIS 2016 数据集[4]上进行大量视频物体分割的实验和分析，在 SINTEL[86]、Flying Chairs[10]、Scene Flow[87]等数据集上验证光流的预测效果。

2.2　视频的运动光流预测

运动光流（optical flow），简称光流，在计算机视觉中起到定义图像之间移动的作用（如图 2.2 所示，其右图中像素级箭头代表两帧图像间的二维运动量）。在视频中用于描述视频帧图像中代表同一对象的像素点移动到下一帧的移动量，常使用二维物理量表示，对相邻视频帧图像 I_t 与 I_{t+1}，假设图像 I_t 的 (x,y) 点像素对应的光流为 (u,v)，则有

$$I_{t+1}(x+u,y+v)=I_t(x,y) \tag{2.1}$$

在智能视频处理算法中，光流常被用于描述视频运动信息，是公认的能够维持运动连续性、平滑视频检测/分割结果的重要物理量。由于从硬件拍摄设备中获取光流较为复杂、困难，实际使用中常通过光流估计算法得到视频帧间的光流。光流估计算法主要分为两大类。

一类是通过设计光流的匹配函数，通过数学推导得出光流估计的目标函数，

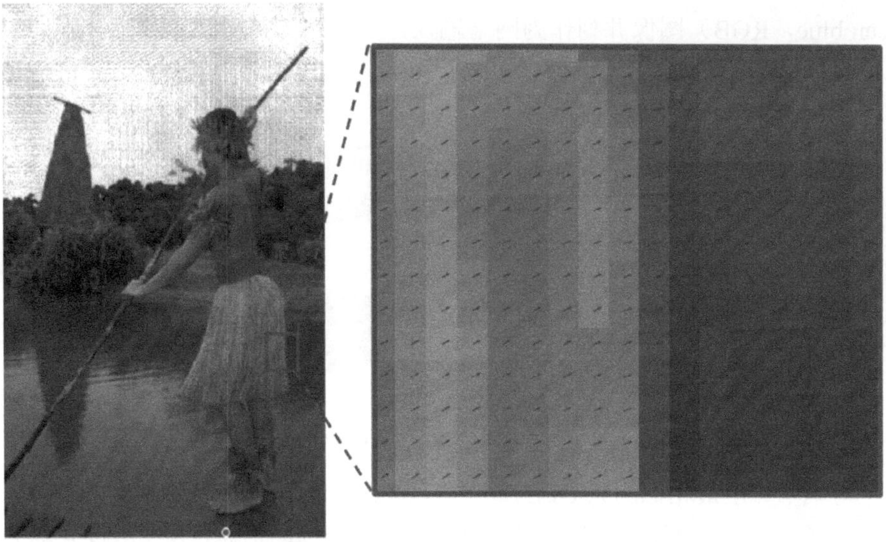

图 2.2　光流示意图

然后寻求最优解，计算得出视频帧的光流预测结果[88-90]。这些算法通常采用从粗糙到精细的求解思路，实现层层递进的求解计算。为了更好地计算帧间的像素匹配，研究者设计了许多基于匹配的算法[91-93]来衡量前后帧图像之间的对应关系，算法理论性强，可达到较高的求解精度，但通常需要大量时间进行目标函数的寻优，计算复杂度也很高。

另一大类算法可以总结为基于学习的算法。如拟合成高斯混合模型[94]、主元素分解[95]，或使用 CNN 进行预测[10,87]。这类算法更加简单直接，通过大数据学习自动建立光流模型，实现图像间的对准和光流预测，不但比传统的匹配优化具有更高的光流估计精度，而且速度上也有极大的提升。例如，简洁的 FlowNetS 模型[10]经过神经网络在大数据上的拟合优化，仅需输入两张相邻视频帧图像，经由深度网络的一次前向预测便可得出光流估计结果。

2.3　基于运动和表观特征融合的视频物体分割模型

在视频物体分割中，同时使用光流和表观信息进行分割处理的算法有很多[63,96,97]。但是这些算法大多需要复杂的融合操作，导致其实用性不强。近年来，使用光流辅助视频分割有很大的进展，如 FusionSeg[55]中，使用光流估计算法[98]生成视频帧之间的光流，将其渲染为光流图像，与视频帧的原始红绿蓝（red green blue，RGB）图像并列作为网络输入，共同估计得出视频物体分割结果，其网络框架图如图 2.3 所示。

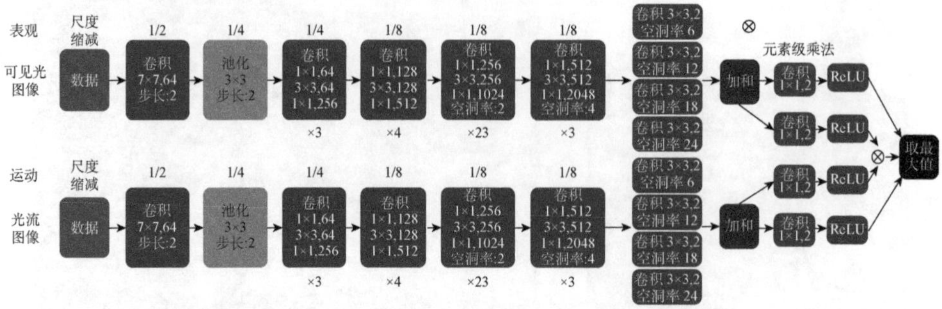

图 2.3　运动与表观信息融合的 FusionSeg 算法[55]

与本章算法最相似的为 OFL 算法[85]。OFL 算法设计了一个包含光流和分割掩模的多尺度、时空优化目标函数，利用光流传播帧间信息，并使用过分割的超像素优化视频分割掩模，经在线迭代优化得出精准的分割掩模，如图 2.4 所示。由于算法需要在待测视频中逐帧进行在线迭代，计算复杂度较高，且十分耗时。

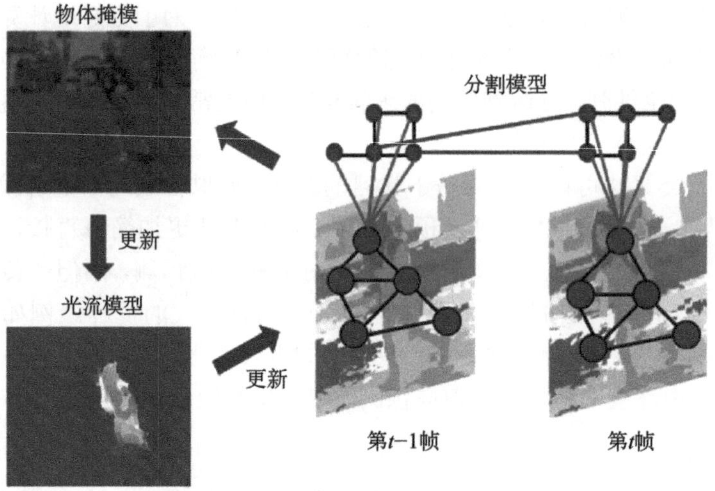

图 2.4　运动与表观信息融合的 OFL 算法[85]

本章旨在设计一种基于运动和表观特征融合的、简洁的、高效的视频物体分割算法。为了实现这一目标，我们设计一种特征融合的双支神经网络，两个支路分别预测强调表观信息的分割掩模和强调运动信息的视频光流，实现分割和光流的联合预测。具体而言，本章搭建一个双支架构的卷积神经网络 SegFlow，其分割支路仿照全卷积网络结构搭建，光流支路仿照 FlowNetS 网络结构搭建。由于缺少同时具有分割和光流真值的数据集，本章还针对性地设计一种迭代优化的方案，使网络能够实现跨数据集的优化收敛。

2.3.1　神经网络架构

本章提出的基于运动和表观特征融合的视频物体分割网络如图 2.5 所示。网络主体为由分割支路（上路）和光流支路（下路）构成的双支架构。

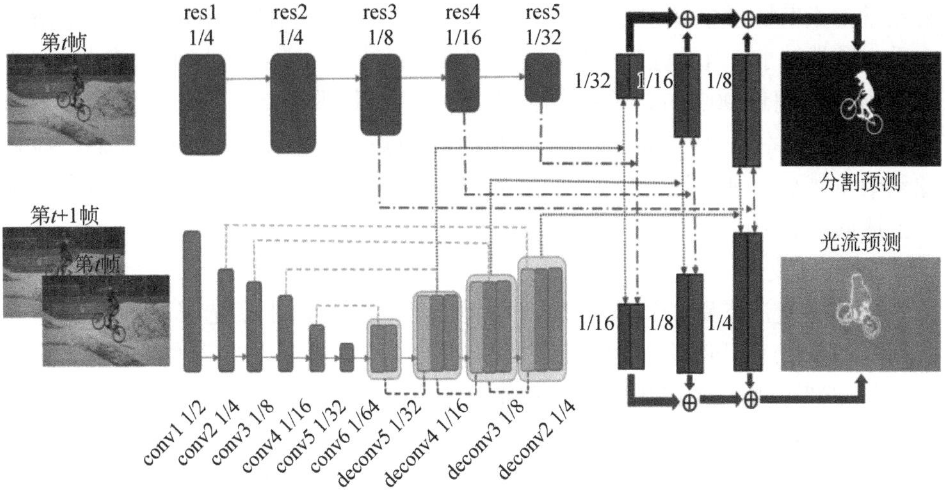

图 2.5　本章算法的网络结构图

1）分割支路

分割支路参考了图像分类和分割领域的深度网络结构，由全卷积神经网络的架构搭建而成。全卷积神经网络[30]是一种网络层全部由卷积层搭建而成的特殊卷积神经网络结构，由于卷积层参数对输入和输出的大小没有固定约束，全卷积神经网络可以实现全尺度图像的自由预测。此外，在全卷积神经网络中，输出结果和输入图像的空间位置关系是对应的，输出结果的每个值都固定映射到输入图像的某个感受野窗口，这充分利用了图像的局部信息，使网络能够实现快速高效的分割预测。

为了使分割支路具有更好的初始化参数，其具体网络结构基于大规模图像分类网络 ResNet101[99]修改而成。ResNet101 共有五个大的卷积模块，每个模块中包含卷积层、池化层、激活函数和跨层链接等。将第 3、4、5 卷积模块的输出特征提取出来（特征图长宽分别为$\frac{1}{8}$、$\frac{1}{16}$和$\frac{1}{32}$原图大小），然后分别上采样、预测分数，并将分数加和，最终的分割掩模预测层采用前景背景二分的分割层。

训练中使用的网络损失函数采用像素级别的交叉熵（cross entropy）损失。

为了克服正负像素数量的不均衡，训练中仿照文献[100,101]使用分割目标和背景的像素比例进行加权，加权后的损失函数表示如下：

$$L_s\left(X_t\right)=-(1-w)\sum_{i,j\in fg}\ln\left(E\left(y_{ij}=1;\theta\right)\right)-w\sum_{i,j\in bg}\ln\left(E\left(y_{ij}=0;\theta\right)\right) \tag{2.2}$$

其中，X_t 代表当前训练输入的视频第 t 帧图像样本；y_{ij} 表示像素坐标点(i,j)位置的单元像素真值（0 则为背景；1 则为前景，也就是目标物体）；w 表示前景像素数量占当前图像总像素数量的比重。在视频物体分割任务中，前景像素所占比重 w 通常较小。当不进行加权时，网络在训练中可能会陷入局部极值点（如背景像素占比超过 90%时，网络倾向于将所有像素都分类为背景以获取稳定的 90%以上准确率），导致无法优化得到高性能的分割模型；引入权重 w 后，前景像素数量越少，则将这些像素误判为背景造成的损失偏差就越大，可以有效预防上述问题。

2）光流支路

为了使光流支路能准确且快速地提取运动信息，本章选择了前文所述的 FlowNetS 光流估计网络作为光流支路的基准网络。光流支路整体采用了“编码器-解码器”架构，并在各层之间进行频繁的跨层连接和特征融合。在构建过程中，我们通过在光流支路和分割支路相似大小的特征层间添加多尺度的双向连接，使网络后期的特征完美融合了两种任务中学到的信息，变得更加有鉴别性和描述力。

光流支路的优化函数采用了终点误差（end point error，EPE）作为优化目标的损失函数，如式（2.3）所示：

$$L_f\left(X_t,X_{t+1}\right)=\sum_{i,j}\left((u_{ij}-\delta_{u_{ij}})^2+(v_{ij}-\delta_{v_{ij}})^2\right) \tag{2.3}$$

其中，X_t 和 X_{t+1} 代表两张连续的视频帧；$\left(u_{ij},v_{ij}\right)$ 和 $\left(\delta_{u_{ij}},\delta_{v_{ij}}\right)$ 分别代表真实的和预测的像素坐标点(i,j)位置的光流。真实的光流能够把 t 时刻的掩模通过运动向量位移到 t+1 时刻的掩模上。

通过分割支路与光流支路的交叉融合，最终搭建成的 SegFlow 网络结构为一个一体化的模型。该模型能够同时预测分割和光流，其损失函数 $L(\cdot)$ 为两个支路损失函数（式（2.2）、式（2.3））的加权组合：

$$L\left(X_t,X_{t+1}\right)=L_s\left(X_t\right)+\gamma L_f\left(X_t,X_{t+1}\right) \tag{2.4}$$

与使用光流估计结果的幅值图作为单独输入以辅助分割的算法（如前文介绍的 FusionSeg 算法）不同，本章算法模型设计利用特征维度的交叉融合，这样设计的好处在于以下两点。

①本章提出的网络有能力在特征层级上学习到具有针对各自任务特色的描述（物体性、运动等）。

②将两个支路合并成一体的综合网络，提升了整体的表述性，可以同时提升两个任务上的算法性能。

除了应用在当前任务上，本章提出的双支网络架构可以使用到各种各样的具有互补性的任务中，对领域发展具有很大贡献。

2.3.2　双向传播与迭代优化

通常而言，同时预测分割和光流两种输出结果的网络需要一个大规模的、同时包含分割和光流标注的数据集进行训练优化。但是由于光流真值在真实世界的不可测量性，这种数据集很难建立。因此，本章采取一种新颖的迭代训练的方法。训练至少需要一个大型视频物体分割数据集和一个大型运动光流预测数据集。每阶段的训练在一个单独的数据集上进行，收敛后交替到另一个数据集上。

网络训练总体分为两阶段：第一阶段线下训练一个通用的前景分割网络，这个阶段的训练涉及两个支路的交替迭代、共同优化；第二阶段线上训练，使通用网络锁定目标物体，这一阶段只更新分割支路的参数。

1）第一阶段：迭代交替的线下训练

为了使网络有更强的描述力，SegFlow 网络的两个支路分别采用 ResNet101 和 FlowNetS 训练好的参数作为初始化参数值。在训练分割支路的时候，固定光流支路的参数，不进行更新，然后使用分割损失函数在分割数据集上进行训练；训练采用随机梯度下降，每次进入一张图，学习率从 1×10^{-8} 开始，每 1 万轮学习率下降一半。在训练光流支路时，固定分割支路参数，在光流数据集上更新光流支路，学习率从 1×10^{-9} 开始，采用 EPE 损失函数。每次训练时监测损失函数和测试集准确率，当损失函数不再下降时停止训练，切换到另一个支路的训练中去，直到两种损失函数值都降到最低（不再下降）。在交替训练过程中，网络每次只专注于一个任务，学习到该任务的针对性特征，并将学好的特征通过双支之间的连接传递给另一个参数被固定的支路。这样当交替到下一个支路训练的时候，下一个支路拿到的辅助特征就是上一个支路训练得到的更好的特征，依次迭代。

图 2.6 中展示了交替训练中每一轮的损失函数变化趋势和收敛点位置。为了更清晰明了，图 2.6（a）选用像素级分类准确率反映掩模的训练效果，图中使用了对数分类准确率以使性能差更明显（即对 0～1 的准确率取自然对数 $\ln(\cdot)$）；

图 2.6（b）为终点误差 EPE 反映光流的训练效果（纵轴的损失函数值统计每次训练中的所有像素终点误差之和）。图 2.7（a）、图 2.7（b）分别给出了每轮迭代后分割掩模和运动光流预测结果的变化，可以看出，在每轮迭代中，分割掩模越来越精准，而光流则越来越具有整体性，损失函数逐渐趋于整体收敛状态。

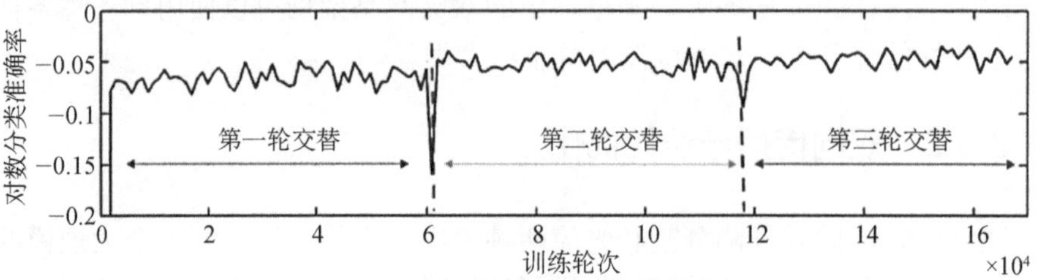

(a) 像素级别的分割准确率

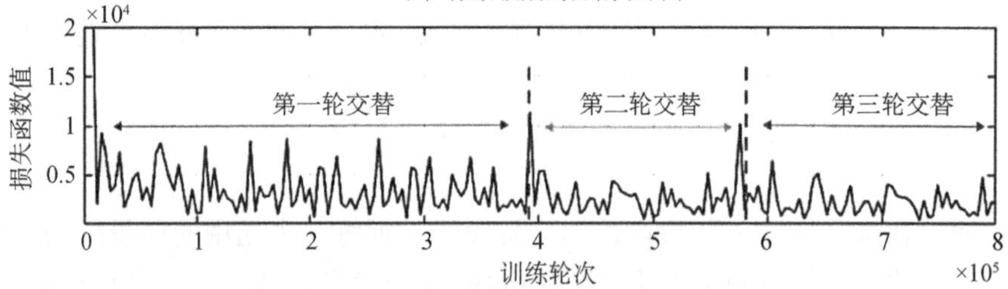

(b) 光流训练损失

图 2.6 交替迭代的线下训练中损失函数变化

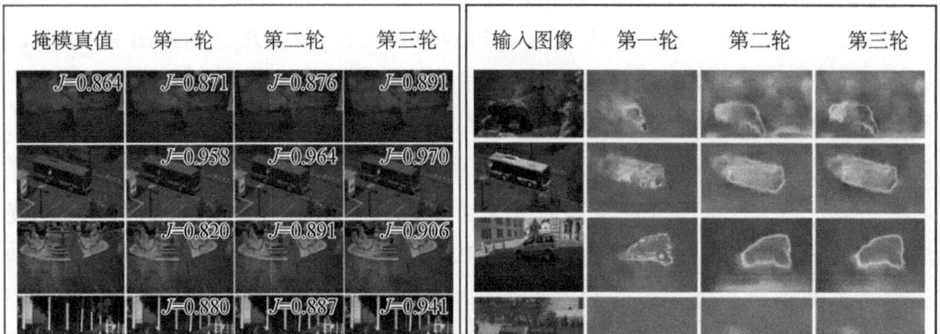

(a) 掩模　　　　(b) 光流

图 2.7 三轮迭代中的掩模和光流预测结果变化（见彩图）

2）第二阶段：锁定目标的线上训练

线下训练得到的模型能够将所有前景像素从视频图像中分离出来，但是要让模型只识别出一个目标物体，还需要再进行线上的模型调整，即在获取到测试视频第一帧图像及其标注后，使用该数据进行网络微调。为了使训练好的模型更具有普适性、鲁棒性，本章分别采用分割数据增强和光流数据增强两种数据扩充操作。拿到第一帧和标注后，我们使用数据扩充将它增加到几十上百张，然后使用和线下训练中训练分割支路相同的方式，固定用较小的学习率（1×10^{-10}）进行模型的细致化参数更新。两种数据增强方法描述如下。

（1）分割数据增强。在线下和线上训练中，我们均采用分割数据增强方法对视频数据进行扩充。分割任务使用图像的仿射变换实现数据扩充，具体操作包括图像的平移（$\boldsymbol{T}_{\mathrm{o}}$）、旋转（$\boldsymbol{T}_{\mathrm{r}}$）、缩放（$\boldsymbol{T}_{\mathrm{s}}$），其变换矩阵和控制参数可表示如下：

$$\boldsymbol{T}_{\mathrm{o}}=\begin{bmatrix}1&0&h_{\mathrm{off}}\\0&1&w_{\mathrm{off}}\\0&0&1\end{bmatrix},\quad \boldsymbol{T}_{\mathrm{r}}=\begin{bmatrix}\cos\theta&-\sin\theta&0\\\sin\theta&\cos\theta&0\\0&0&1\end{bmatrix},\quad \boldsymbol{T}_{\mathrm{s}}=\begin{bmatrix}1+\mathrm{sc}&0&0\\0&1+\mathrm{sc}&0\\0&0&1\end{bmatrix} \tag{2.5}$$

其中，参数 w_{off} 、h_{off} 控制图像在水平和垂直方向上的位移；参数 sc 控制图像的缩放系数；参数 θ 控制图像的旋转角度。每张图的具体变换由这三者随机组合，最终的变换矩阵 $\boldsymbol{T}$ 可表示为三种变换矩阵的相乘：

$$\boldsymbol{T}=\boldsymbol{T}_{\mathrm{o}}\cdot\boldsymbol{T}_{\mathrm{r}}\cdot\boldsymbol{T}_{\mathrm{s}} \tag{2.6}$$

在线下训练中，同一视频的一次数据增强使用相同的参数进行变换。如图 2.8 所示，图 2.8（a）为第 1、26、51 视频帧使用同一组参数进行数据增强的结果示例，图 2.8（b）为相同视频帧各自使用不同随机参数进行数据增强的结果示例。对比而言，本章采用的方式能更好地保持视频帧之间的时空关系，维持其时序的运动连贯性，并保持算法训练中运动信息的有效性。在线上训练中，对于测试视频的第一帧图像，则采用随机参数进行数据增强，将首帧图像及其标注真值扩充为数千张图像以供训练。分割数据增强扩充了训练图像的数量，使网络学习到更多姿态下的物体先验知识，更加具有鲁棒性。

（2）光流数据增强。在线上训练时，有标注的只有第 1 帧图像。但对于光流数据，需要两帧相邻帧图像才能计算得到一个光流运动向量图。如果重复输入两次第 1 帧图像，那么网络的光流支路会认为物体没有发生运动，从而无法给分割支路提供有效的运动信息。因此，在线上训练中，本章提出一种通过微调物体位置触发运动光流的光流数据增强方式。即根据物体掩模真值切割出物体图像块，将物体原始位置像素值赋为零，然后小幅度地随机平移、旋转、缩放物体图像块并覆盖在原始图像上，模拟生成“第 2 帧”图像，如图 2.8（c）中的“仿第 2 帧”所示。将真实视频的第 1 帧和“仿第 2 帧”作为光流支路的输入进行线上训练。由于“仿第 2 帧”中，物体发生了微小位移，使光流支路能够于线上训练阶段提供物体区域的运动信息给分割支路，进一步优化二者的组合特征。

图 2.8　分割数据增强与光流数据增强

2.4　实验结果与分析

本节展示并分析本章算法：基于运动和表观特征融合的视频物体分割模型——SegFlow 网络在视频物体分割任务和光流任务上的表现，以及与其他算法的对比分析。

2.4.1　数据集和评测指标

本章同时使用视频物体分割数据集与光流数据集对算法进行评测和对比。衡量算法性能时，采用官方代码和通用测试指标，如视频物体分割数据集上的区域相似度 J、边界准确率 F、时域连贯度 T，以及光流数据集上的终点误差 EPE。

1）数据集介绍

视频物体分割数据集使用 DAVIS 2016 数据集[4]。数据集包含 30 个训练视频和 20 个测试视频，带高质量掩模标注的视频图像共有 3455 帧。数据集中的视频均为真实世界场景拍摄，包括现实世界中可能遇到的各种难点，如高速运动、物体相互遮挡、背景嘈杂、物体相似、相机抖动等。

光流数据集使用 SINTEL 数据集[10]、KITTI 数据集[20]和 Scene Flow 数据

集[87]。其中，SINTEL 数据集包含 1041 对虚拟图像和其对应的光流真值，数据集图像分为简单和复杂两个版本，复杂版本的虚拟图像添加了环境因素干扰，与真实视频更相似。KITTI 数据集仅包含 389 对图像，但图像来源于真实世界拍摄得到的街景视频，且光流真值为硬件采集得到。Scene Flow 数据集图像数量为三个数据集中最多的，其 Monkaa 子集包含 24 个视频、超过 34000 张带标注的图像；Driving 子集包含 8 个视频、约 17000 张标注图像。与 SINTEL 数据集类似，Scene Flow 数据集提供两个版本：简单和复杂。

本章所提算法在各数据集官方划分的训练集上进行训练，在测试集上进行评测。由于 Scene Flow 数据集上没有官方的训练、测试集划分，所以在该数据集上随机采用 Monkaa 子集的三个视频和 Driving 子集的两个视频作为测试集。

2）评测指标及计算方法

视频物体分割算法通常使用三个指标进行评测：区域相似度 J、边界准确率 F、时域连贯度 T。其中，区域相似度评价视频分割掩模的预测结果和真值的贴合程度；边界准确率评价预测掩模边缘和真值掩模边缘的贴合程度；时域连贯度评价算法在视频不同时间段性能的稳定性和延续性。几种指标的具体计算公式见 6.2 节。

光流数据集上采用 EPE 指标进行对比评价，该指标计算真值与预测值之间的端点平均误差，公式如下：

$$\mathrm{EPE}=\sqrt{(u-\hat{u})^2+(v-\hat{v})^2} \tag{2.7}$$

其中，(u,v) 为真实光流值；$(\hat{u},\hat{v})$ 为预测光流值，最终指标采用每像素误差的平均值进行光流精准度衡量。

2.4.2　算法的有效性验证

为了验证算法各部分的有效性，本节依次移除算法的各模块，如线上学习、迭代学习、线下学习、光流支路等，在 DAVIS 2016 数据集上测试移除后的性能，测试结果列举在表 2.1 中。各模块移除后的详细介绍如下。

表 2.1　算法各模块有效性验证实验（DAVIS 2016 测试集）

	本章算法	移除部件						
		线上学习	线下学习	线上学习、迭代学习	光流数据扩充	光流支路	光流支路、线下学习	光流支路、线下学习、分割数据扩充
J_{mean}	0.748	0.674	0.538	0.669	0.739	0.724	0.654	0.606
J_{recall}	0.900	0.814	0.575	0.803	0.891	0.882	0.787	0.677

续表

	本章算法	移除部件						
		线上学习	线下学习	线上学习、迭代学习	光流数据扩充	光流支路	光流支路、线下学习	光流支路、线下学习、分割数据扩充
J_{decay}	0.137	0.062	0.227	0.005	0.124	0.119	0.021	0.009
F_{mean}	0.745	0.667	0.515	0.658	0.741	0.735	0.640	0.604
F_{recall}	0.853	0.771	0.540	0.765	0.839	0.841	0.750	0.717
F_{decay}	0.136	0.051	0.251	0.043	0.122	0.132	0.017	0.001
T_{mean}	0.194	0.276	0.302	0.279	0.225	0.250	0.354	0.335

（1）移除线上学习模块后，算法只使用线下学习到的通用模型，而不在测试视频的第一帧上进行调整，等同于“无监督”模式下的视频物体分割。

（2）移除迭代学习模块后，只交替训练一次分割支路和一次光流支路，而不是交替迭代直至两个支路共同收敛。

（3）移除线下学习模块后，算法无视训练集视频，不训练线下的通用模型，直接在测试视频第一帧上进行训练然后预测。

（4）移除光流支路后，算法只使用分割支路来进行掩模预测。

（5）移除光流数据扩充模块后，算法在线上训练阶段没有“仿第 2 帧”的运动数据，采用视频首帧图像充当“仿第 2 帧”参与网络训练。

（6）移除分割数据扩充模块后，线下训练中不对视频图像进行仿射变换，只使用原始视频帧图像进行训练。

从表 2.1 中展示的评测结果可以看出，线下学习在算法中起到了很大的作用，移除线下学习后，总体掩模性能 J_{mean} 下降了 21 个百分点。这说明了通用模型发现的前景像素信息对模型最终锁定目标提供了重要先验。而线上学习和交替迭代合起来能使算法性能提升 7.9 个百分点。如果没有光流支路，模型的输出结果会存在很强烈的时域不平滑现象，T_{mean} 增加了 5.6%。

此外，数据扩充在算法中也起到了很大的作用。在没有分割数据扩充模块参与训练的情况下，算法的掩模性能 J_{mean} 下降严重；在没有光流数据扩充模块参与训练的情况下，算法的时域连贯度 T_{mean} 会有所损伤。

2.4.3 算法评价

1. 算法的视频物体分割性能评价

表 2.2、表 2.3 展示了算法在视频物体分割任务上和其他前沿算法的比较结果，由于本章算法在移除在线学习模块后可视为无监督视频物体分割算法，

因此对比的算法中同时包括无监督视频物体分割算法（快速视频物体分割算法（fast object segmentation in unconstrained video，FST）[43]、因果视频物体分割算法（causal video object segmentation，CVOS）[102]、关键分割算法（key-segments for video object segmentation，KEY）[103]、非局部一致性投票算法（non-local consensus voting，NLC）[104]）和半监督视频物体分割算法（单样本视频物体分割算法（one-shot video object segmentation，OSVOS）[59]、掩模追踪算法（mask track，MSK）[63]、OFL[85]、双向视频物体分割算法（bilateral space video segmentation，BVS）[105]），对它们进行了横向比较。其中，带“*”的结果为对视频图像进行了翻转预测，然后和原图概率加和的结果。

表 2.2　与半监督视频物体分割任务算法对比结果（DAVIS 2016 测试集）

	本章算法*	本章算法	本章算法 移除光流支路	OSVOS （半监督版）	MSK	OFL	BVS
J_{mean}	0.761	0.748	0.724	0.798	0.797	0.680	0.600
J_{recall}	0.906	0.900	0.882	0.936	0.931	0.756	0.669
J_{decay}	0.121	0.137	0.119	0.149	0.089	0.264	0.289
F_{mean}	0.760	0.745	0.735	0.806	0.754	0.634	0.588
F_{recall}	0.855	0.853	0.841	0.926	0.871	0.704	0.679
F_{decay}	0.104	0.136	0.132	0.150	0.090	0.272	0.213
T_{mean}	0.182	0.194	0.250	0.376	0.211	0.217	0.345

表 2.3　与无监督视频物体分割任务算法对比结果（DAVIS 2016 测试集）

	本章算法	本章算法 移除光流支路	OSVOS （无监督版）	FST	CVOS	KEY	NLC
J_{mean}	0.674	0.654	0.525	0.558	0.482	0.498	0.551
J_{recall}	0.814	0.787	0.577	0.649	0.540	0.591	0.558
J_{decay}	0.062	0.021	−0.019	0.000	0.105	0.141	0.126
F_{mean}	0.667	0.640	0.477	0.511	0.447	0.427	0.523
F_{recall}	0.771	0.750	0.479	0.516	0.526	0.375	0.519
F_{decay}	0.051	0.017	0.006	0.029	0.117	0.106	0.114
T_{mean}	0.276	0.354	0.538	0.343	0.244	0.252	0.414

在无监督算法行列中，SegFlow 的通用型模型（表 2.3 中本章算法）达到了最好的结果，比第二名的 J_{mean} 高出 11.6%。在半监督算法行列，微调后的锁定物体的 SegFlow 模型有最好的平滑性，性能排行前列，而且是前几名中唯一不

需要额外附加条件的（OSVOS 需要计算超像素，MSK 需要其他算法生成的运动光流作为输入）。

图 2.9 对比了无监督条件下本章算法和其他两种优秀算法在具备不同特征的视频上的分割性能表现，视频特征含：低清晰度（low resolution，LR）、物体尺度变化（scale variation，SV）、物体形状复杂（shape complexity，SC）、存在高速运动（fast motion，FM）、存在相机抖动（camera shake，CS）、目标物体特殊而不常见（interesting objects，IO）、动态背景（dynamic background，DB）、运动模糊（motion blur，MB）、物体存在形变（deformation，DEF）、物体存在遮挡（occlusion，OCC）、存在相似物体（heterogeneous objects，HO）、边缘模糊（edge ambiguity，EA）、物体存在跑出摄像区域（out of view，OV）的情况、物体外表发生变化（appearance change，AC）、背景嘈杂（background clutter，BC）。可以看出，本章算法除了在 DB 的视频集合上表现不佳以外，在其他集合上性能都是优于领域内先进算法的。在动态背景上表现不佳的可能原因在于背景中运动信息较多、较复杂，造成光流支路提供给分割支路的特征中包含了大量位于背景上的噪声动作，反而影响了分割支路的认知，使分割结果降低。

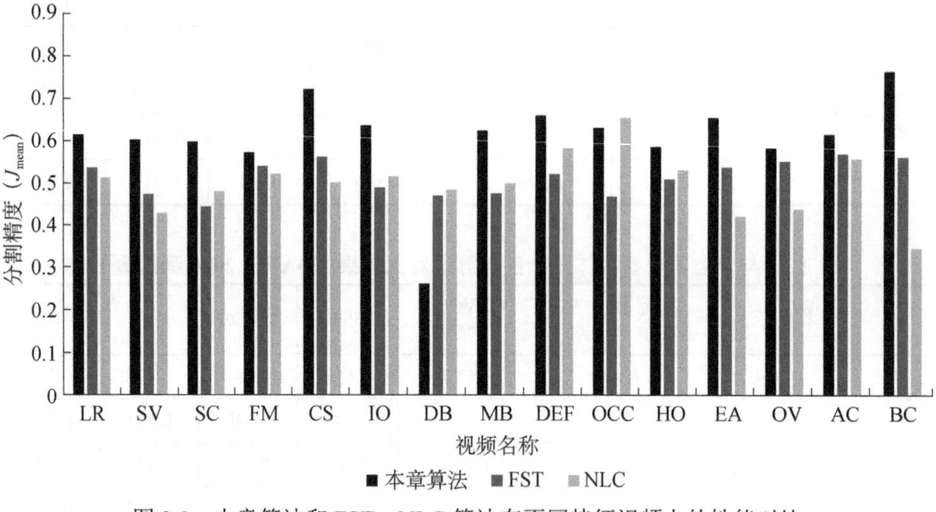

图 2.9 本章算法和 FST、NLC 算法在不同特征视频上的性能对比

图 2.10 中举例展示了本章算法和几种先进算法在无监督和半监督条件下的视频物体分割掩模预测结果对比。其中，本章算法能够有效寻回整体物体，具有更强的目标认知性能。

2. 算法的光流估计性能评价

本节通过在不同光流数据集上的实验，对算法的光流估计性能进行评测，并根据评测结果分析分割支路对光流预测的影响。表 2.4 和表 2.5 中分别展示了

SINTEL、KITTI 和 Scene Flow 三个光流数据集上的测试结果（EPE）比较；其中，Scene Flow 数据集根据仿真目标分为 Monkaa 和 Driving 不同场景，SINTEL 和 Scene Flow 数据集根据虚拟仿真的复杂程度又分为 CLEAN 和 FINAL 两种具体集合（FINAL 集合比 CLEAN 集合考虑更复杂的环境仿真因素，具有更高的光流预测难度）。与本章算法对比的算法有领域内先进的光流估计算法 EpicFlow[92]、DeepFlow[91]、边缘保持的块匹配算法（edge-preserving patch match，EPPM）[105]、大位移光流估计（large displacement optical flow，LDOF）[89]、SceneFlowNet[87]，以及本章算法设计中光流支路采用的基准网络 FlowNetS[10]。

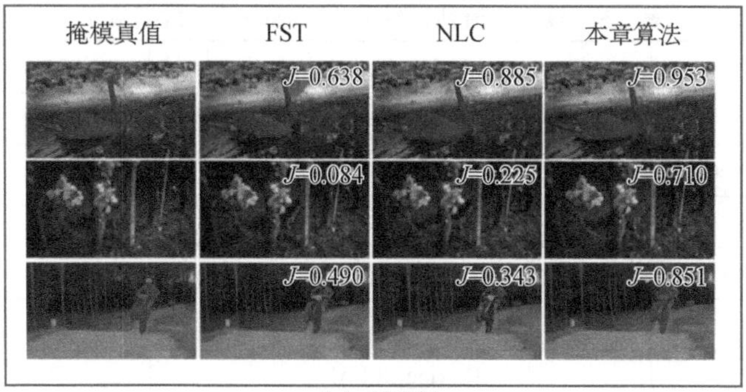

(a) 无监督

(b) 半监督

图 2.10　本章算法与其他算法的分割结果对比（见彩图）

表 2.4　算法光流估计性能（SINTEL 数据集与 KITTI 数据集）

算法	SINTEL CLEAN		SINTEL FINAL		KITTI	
	训练集	测试集	训练集	测试集	训练集	测试集
EpicFlow	2.40	4.12	3.70	6.29	3.47	3.8
DeepFlow	3.31	5.38	4.56	7.21	4.58	5.8
EPPM	—	6.49	—	8.38	—	9.2

续表

算法	SINTEL CLEAN		SINTEL FINAL		KITTI	
	训练集	测试集	训练集	测试集	训练集	测试集
LDOF	4.29	7.56	6.42	9.12	13.73	12.4
FlowNetS+ft+v	2.97	6.16	4.07	7.22	6.07	7.6
FlowNetS+gt+v*	3.31	7.89	4.26	8.50	7.37	8.7
SegFlow（本章算法）	2.50	7.45	2.61	7.87	4.40	7.1

表 2.5 算法光流估计性能（Scene Flow 数据集）

算法	Monkaa CLEAN			Monkaa FINAL	
	训练集	验证集	训练集+验证集	训练集	验证集
SceneFlowNet	—	—	6.54	—	—
FlowNetS	5.60	10.51	6.15	5.48	10.47
FlowNetS+ft	4.93	8.40	5.01	4.37	8.44
本章算法	4.06	7.94	4.49	3.78	7.90
算法	Driving CLEAN			Driving FINAL	
	训练集	验证集	训练集+验证集	训练集	验证集
SceneFlowNet	—	—	23.53	—	—
FlowNetS	13.29	66.93	23.90	13.14	67.15
FlowNetS+ft	10.31	52.67	18.22	10.38	52.20
SegFlow（本章算法）	9.17	37.91	14.35	9.41	37.93

在表 2.4 中，FlowNetS+ft+v 的结果是直接采用该算法原论文中的值，FlowNetS+ft+v*的结果则是使用 FlowNetS 开源代码自行训练得到的结果，训练过程与本章算法采用相同参数。可以看出，SegFlow 在各种数据集的测试集上都比只使用光流支路（FlowNetS+gt+v*）的表现要好，这证实了分割支路传递过来的信息是有用的，能够帮助光流确定哪部分需要平滑，哪部分可能位于相同物体上。在 KITTI 数据集上，本章算法只使用原图和翻转图像的训练结果甚至优于使用了大量数据增强技术的 FlowNetS 的表现（本章算法 EPE 为 7.1，FlowNetS+ft+v 原论文中使用大量数据增强的模型 EPE 为 7.6）。图 2.11、图 2.12 分别给出了 SINTEL 数据集和 Scene Flow 数据集的光流预测结果示例，可以看出，本章算法由于引入了分割支路的物体表观信息，预测出的光流在物体中更加平滑，整体效果更佳。

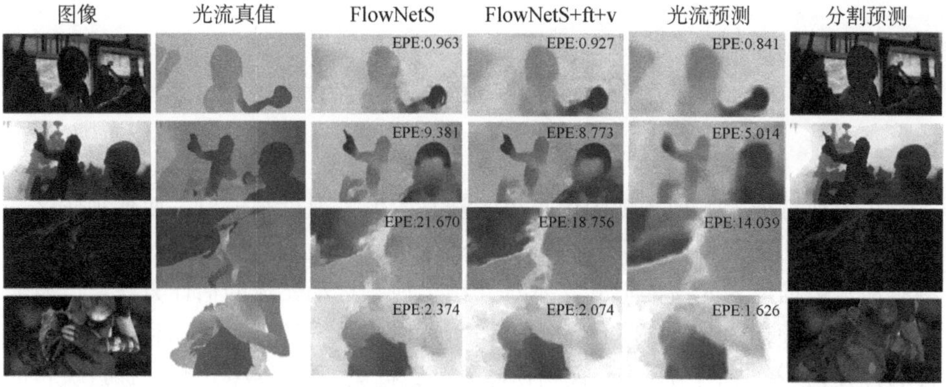

图 2.11　SINTEL 数据集上的光流预测结果示例（右两列为本章算法）（见彩图）

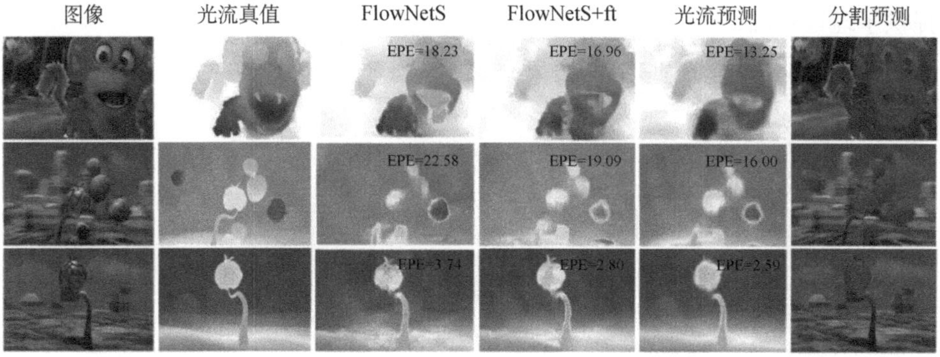

图 2.12　Scene Flow 数据集上的光流预测结果示例（右两列为本章算法）（见彩图）

3. 算法的运算速度评价

出于实际应用考虑，本节给出了模型进行视频物体分割时的速度评价，所有涉及模型均在 Linux 系统、12GB 内存的 TitanX GPU 上进行评测。对于线下训练好的模型，本章算法在直接进行无监督视频物体分割预测的时候，其预测速度可以达到 3.33 帧/s，并同时输出两个结果：分割和光流。对于线上训练的模型，由于需要在第 1 帧上进行模型调整，平均处理时间大概为 7.9 秒一帧。其中，训练好的模型运行速度还是 3.33 帧/s，在待测视频首帧上的模型调整（线上训练）耗时较长。

与其他的半监督算法相比较，本章模型是运行速度较快的。类似性能的半监督视频物体分割算法如 OFL 需要用时 30 秒每帧来生成光流，90 秒每帧来进行光流和分割图的迭代优化。MSK 和 OSVOS 的平均处理速度分别为 0.08 帧/s 和 0.10 帧/s 左右，均慢于本章算法。

2.5 本章小结

在表观特征上，视频帧图像与单张静态图像表现近乎一致，而使视频区别于静态图像的主要特质在于其时域的运动连贯性。在智能算法中，视频的这一特质通常被描述为光流的形式。本章介绍了视频运动光流的估计方法，以及光流信息在视频物体分割算法中的重要作用；提出了一种基于运动和表观特征融合的视频物体分割网络，并在视频物体分割数据集、光流数据集上，通过大量的实验对比和分析，论证了两种任务的融合性与增益性，为互补任务的联合预测提供了理论基础。

第3章 追踪和前景分割融合的视频物体分割技术

3.1 引言

视频物体分割算法旨在将目标物体（单个或多个）与其他物体或者背景区分开来，属于复杂的高层级语义计算机视觉任务。任务的主要难点在于目标物体的未知性，以及视频中存在的诸多随机因素，如相机抖动、物体形态变化、多物体交错遮挡以及复杂背景等。

为了能分割出更高质量的视频物体掩模，许多算法采用复杂的在线更新策略（线上训练）进行针对性优化，即对视频首帧标注信息进行大量分析和挖掘，微调模型参数使其能够更好地区分目标物体和背景像素[59,63]。为了能让模型具有更强的认知力和鲁棒性，这些算法还使用了数据扩充[106]、线上迭代学习[107]以及多任务联合学习[108]等手段。然而，用于提升视频分割算法性能的手段大多具有较高的计算复杂度和较长的处理时间，例如，在第 1 帧上进行的模型微调可能会导致每个测试视频上多出近 10min 的处理时间，无法实现高效处理。

为了提升分割效率和缓解计算压力，一些研究者提出了基于传播的快速视频物体分割，不针对目标物体表观进行模型微调，而是直接通过视频的时空连贯性将视频首帧的标注掩模直接传播到后续视频帧图像中，进而实现分割[109,110]。但是由于缺少了模型微调步骤，模型对目标表观信息不够敏感，这些算法通常会存在错误累积的问题，视频前段一个微小错误传播到视频结尾处可能就是占据半张图的分割误差。

图 3.1 给出了在线更新类典型算法分割与光流联合预测算法（SegFlow：joint learning for video object segmentation and optical flow，SFL）[108]、OSVOS[59]、MSK[63]、在线自适应分割算法（online adaptation of convolutional neural networks for video object segmentation，OnAVOS）[107]，以及传播典型算法 BVS[105]、视频传播网络

(video propagation network，VPN)[110]的视频物体分割算法性能与处理速度的分布图，进一步体现了视频物体分割技术中高速算法性能较差，而高性能算法处理时间长的问题。

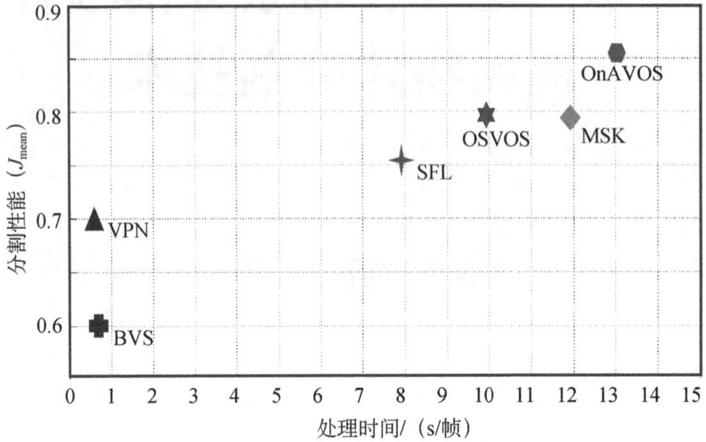

图 3.1 各算法的分割性能与处理时间对比图

本章提出一种基于目标部件追踪和前景分割的高效视频物体分割算法，在给定待测视频的第 1 帧标注后，算法能够立刻针对目标物体进行分割。实现处理速度和分割性能的折中（能以较短的处理时间实现高效、鲁棒的视频物体分割），以便于实际应用。为了达到这一效果，本章提出一种任意视频目标的部件追踪算法，以及一个基于卷积神经网络的通用前景分割模型，通过部件追踪、部件分割、基于相似度的掩模合成三个步骤联合实现高效预测。其中，部件追踪步骤通过局部部件跟踪视频目标位置；部件分割步骤实现各视频帧图像中的部件前景分割；最终目标所有部件的分割结果经由基于相似度的掩模合成步骤组合成全图分割掩模。

为了验证本章所提算法的性能和效率，本章在 DAVIS 2016 数据集[4]和 DAVIS 2017 数据集[111]上进行了大量的算法评测和对比实验，包括消融测试、运行速度对比等。通过实验结果与分析，证实了本章算法在保持高分割性能的同时，极大地提升了处理速度，达到了性能和效率的平衡。

3.2 视频目标追踪算法

视频物体分割与视频目标追踪为两种相似的任务，将视频目标追踪视作检测框粒度的追踪，则视频物体分割可视为像素粒度的追踪。视频目标追踪算法的平均处理速度远高于视频物体分割，这是由于视频目标追踪算法通常直接通过两帧图像直接的关系实现追踪位置预测，无须视频物体分割中耗时的在线训练步骤。在视频物体分割算法中，视频目标追踪的检测框粒度追踪结果也是一种常用的辅助信息[112-114]。

经典视频目标追踪算法[115-117]常通过设计相关滤波追踪器来跟踪物体的形态表观变化，例如，相关核滤波器（kernelized correlation filters，KCF）算法[116]基于传统的方向梯度直方图（histogram of oriented gradients，HOG）图像特征[118]与新颖的核化相关滤波器实现目标高速追踪；基于卷积特征的追踪器（hierarchical convolutional features for visual tracking，CF2）算法[117]则利用深度神经网络中的分层卷积特征对目标进行学习和表达后，从不同层网络特征自适应地学习相关滤波器进行目标追踪，从而增强算法对复杂情况如物体形变和目标遮挡的克服能力。

除利用深度神经网络丰富特征描述外，部分先进算法利用复杂网络结构的强大拟合能力建立模型，学习同一视频目标的跨视频帧表观相似度来实现追踪。例如，孪生网络目标搜索追踪（siamese instance search for tracking，SINT）算法[119]训练神经网络学习视频帧图像区域之间的跨帧相似性，然后选取和初始物体最相似的区域作为跟踪结果来实现追踪；全卷积孪生网络目标追踪（fully-convolutional siamese network for object tracking，SiaFC）算法[120]则是训练了一个端到端孪生网络，网络既学习到了目标的描述，也学习到了目标之间的相似度，可以通过一次前向计算得出下一帧图像中的相似度分布，从而给出物体位置。该算法理论简单明了，处理速度快，且在公开数据集上展现了极佳的跟踪性能。

理论上，若目标追踪算法能够准确地追踪到整体物体的位置，则视频物体分割算法仅需在目标追踪算法的基础上，实现物体位置框内的前景目标精准分割。然而，由于真实视频中目标物体通常会发生较大规模的快速形变，追踪算法的检测框无法保障对物体的精准定位。如图 3.2 所示，尽管追踪算法成功地跟上了物体位置，但是算法预测出的检测框并不能精准地圈中物体，这是因为物体形变太大，算法预测框无法快速适应这种大规模的形变，而倾向于保持与前帧类似的长宽比进行预测输出。因此，本章算法提出使用大量部件追踪器辅助视频物体分割，利用部件的数量弥补追踪的精度。

图 3.2 目标追踪算法结果示例（矩形框为追踪算法结果）

3.3 基于部件追踪的快速视频物体分割技术

本章算法利用高速的视频目标追踪技术，结合通用型前景分割网络，实现无须模型在线训练的、高速高效的半监督视频物体分割算法。算法在获取测试视频后能够即刻开始进行分割，极大地提升了视频物体分割的处理速度，增强了技术的可用性。

图 3.3 展示了本章算法的总体框图。算法可以主要分为三个步骤：部件追踪、部件分割和基于相似度的掩模合成。部件追踪步骤通过算法自动生成任意类别视频目标的代表性部件，使用先进的追踪器跟踪每个部件位置，并基于大量部件在全视频中实现对目标的定位和跟踪；部件分割步骤基于部件追踪步骤给出的视频帧中目标部件位置，利用本章提出的通用部件分割网络，获取每个候选区域内的部件分割结果；基于相似度的掩模合成步骤将部件追踪和分割之后得到的碎片化部件分割结果聚合起来，利用相似度计算函数减少噪声，并组合出全图尺度的分割掩模。

下文详细介绍本章算法各步骤中的关键技术。

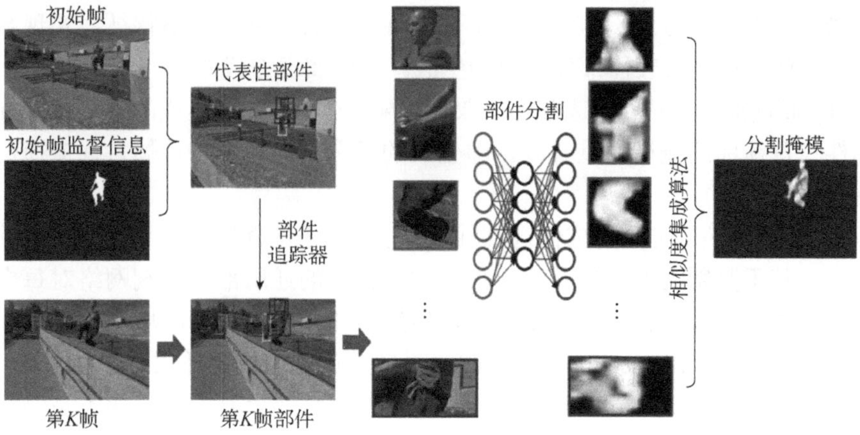

图 3.3　本章算法的总体框图

3.3.1　部件追踪

视频目标追踪任务是一个十分具有挑战性的任务，这是因为追踪算法会面对物体运动形变、高速移动、互相遮挡和复杂的背景变换等多种问题。为了更好地应对这些难点，文献[121]中的算法提出使用部件追踪替换整体目标来更好地处理表观变换问题，验证了部件追踪的有效性。在精准度要求极高的视频物体分割任务中，掩模的分割需要获取视频中每一帧的目标物体区域，比起准确率而言，更侧重区域的召回率，即区域能提供的整个物体的信息。与整体目标追踪只有一个追踪框、一旦失误就是 100%丢失率的情况相比，部件追踪可以有几十上百个目标部件，只要有部件成功跟上，那目标物体的信息就不会完全损失，仍能为视频分割提供线索。基于以上分析，本章采用部件追踪而非整体目标追踪来辅助视频物体分割。本章算法部件追踪步骤的关键技术包含自动部件生成与快速部件追踪。

1）自动部件生成技术

要追踪部件，首先需要从物体中拆分出部件。传统的部件发掘算法通常是通过分析大批量的类内方差和类间距离等计算结果，得出最具有鉴别力（能区分不同类物体）和一致性（在同一类物体中一致存在）的部件。但在视频物体分割任务中，不存在大批量的数据以供分析，整个待测视频只提供了一帧的标注信息，且该帧标注的目标物体不一定为通用类别的物体。

因此，如何根据不同目标物体的首帧信息生成其具有鉴别力的部件，是部件追踪步骤需要解决的关键问题。针对这一问题，本章提出一种简单但有效的任意物体部件生成方法。该方法基于单帧标注信息和神经网络特征，实现数量可控的、任意物体代表性部件的自动生成。具体实现方式如下。

（1）候选部件生成。候选部件采取全图随机生成方式，生成的唯一判断标准为部件与首帧标注掩模的重叠度，即生成的候选部件需要与首帧目标掩模位置存在交集。

（2）候选部件筛选。生成候选部件后，分别基于部件鉴别力和召回率进行两次筛选。基于鉴别力的部件筛选：使用本章提出的通用部件分割网络对每个候选区域内的图像块进行前景分割预测，然后对比预测掩模和区域覆盖的物体掩模真值的交并比（intersection over union，IoU），筛除所有交并比低于阈值 0.3 的区域，因为这些区域中的前景预测结果和真实物体相差甚大，说明不是物体具有代表性和区分力的部分。基于召回率的部件筛选：为了保障部件集合能够覆盖物体，计算每个部件框和物体区域框重叠面积与部件框总面积的评分 S_p 并仅保留 $S_p > 0.7$ 的部件框；具体而言，$S_p = \frac{\text{box} \cap \text{gt}}{\text{box}}$ 为候选区域的方框位置 box 和候选区域中真正物体位置的外接矩形 gt 的交并比。

（3）部件数量控制筛选。候选部件筛选后，余下的候选区域具有外接矩形框阈值大于 0.7 以及内部前景分割评分大于 0.3 的效果保障。基于这些高覆盖率、高准确度的候选区域，使用非极大值抑制算法进行进一步的筛选和数量约束，控制单个目标物体的部件数量为 50～300 个，作为最终选定的具有代表性和鉴别力的目标物体部件。

图 3.4 展示了本章算法根据首帧信息（最左列 frm0 图像）自动生成的目标物体典型部件及其在视频中的追踪结果（右四列）。其中，绿色方框为直接使用追踪器追踪首帧目标的结果，黄色方框为基于部件追踪结果融合出的目标追踪结果。可以看出，尽管单个部件在追踪过程中存在较大漂移与追踪不稳定，但大部分部件的融合结果性能明显优于直接追踪物体。

2）快速部件追踪技术

本章算法使用先进的 SiaFC 追踪器[120]实现部件追踪，跟踪部件生成步骤提取出的大量目标物体部件并获取其在后续视频帧中的位置。如图 3.5 所示，SiaFC 追踪器通过深度神经网络的特征提取步骤将原始图像映射到特定的特征空间，根据当前帧图像的目标位置划定搜索范围，对比搜索区域与目标物体的特征相似度，计算得到搜索区域的追踪得分图，寻找最大得分位置作为新一帧图像中的目标位置中心点。由于部件之间相互独立，各部件的追踪可并行运算得到。

图 3.4　本章算法部件生成与追踪结果示例，绿框、黄框分别为物体追踪和部件融合结果（见彩图）

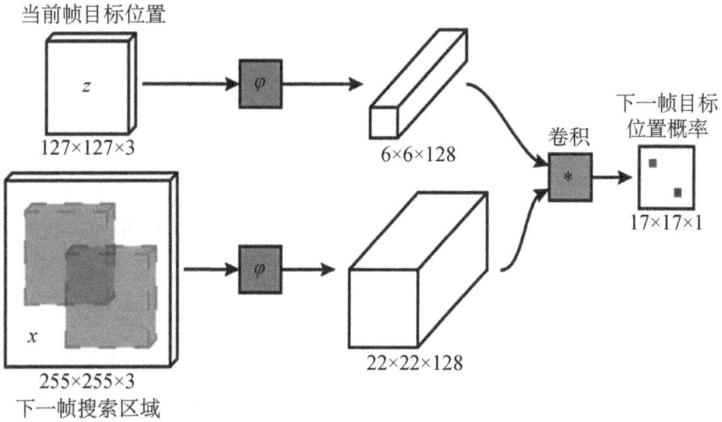

图 3.5　SiaFC 追踪器的算法原理图[120]

假设在第 t 帧 I_t 中的部件集合为 $P_t=\left\{P_t^1,P_t^2,\cdots,P_t^N\right\}$，追踪算法旨在计算出部件 P_t^i 出现在下一帧 I_{t+1} 中的位置概率图 S_t：

$$S_t=\Gamma\left(P_t^i,I_{t+1}\right) \tag{3.1}$$

其中，$\Gamma(\cdot)$ 是一个计算部件 P_t^i 和帧图像 I_{t+1} 间相似度的函数，也就是 SiaFC 跟踪器中的特征空间映射与相似度计算函数。由于 SiaFC 算法采用的深度网络特征提取中只包含卷积层和池化层，属于全卷积网络架构，不限制输入输出特征图的大小，因此，一个目标的数十个部件的位置概率图可以并行计算，一次前向预测便可得出物体所有部件在下一帧的位置概率图。根据位置概率图选取响应最大的部分来作为下一帧中部件所在位置，具体追踪效果如图 3.4 中所示，同一颜色框代表同一部件在视频中的追踪结果，大多数部件在整个视频中的追踪结果仍会位于目标物体附近。

3.3.2 部件分割

我们通过部件分割技术使用基于前景分割的卷积神经网络实现对每个部件追踪位置的分割，以获取各部件的分割掩模。现有分割算法[122,123]大部分实现的是基于物体层级的分割，训练网络识别某一类或者某几类确定类别的物体并进行像素级别的分割，在图像分割任务上展现出了很好的性能。本章提出的部件分割与图像分割算法的主要不同之处在于，部件分割的是物体的一部分，并且不确定会是具体的哪一部分，可能是人体的躯干，也可能是鸟儿的喙、摩托车的把手、一些并非人类定义的语义级别或人类感知中不可区分的部件等。除了部件本身的难度之外，部件的大小不一、类别未知、形态各异等也使部件分割任务变得十分困难。针对这一问题，本章搭建一个通用部件分割网络，用于任意目标、任意尺度部件的掩模分割。

1）部件分割网络的结构设计

部件分割网络的结构如图 3.6 所示，分割网络的基础架构来源于 ResNet101[99]，本节将该网络修改为全卷积的结构。为了丰富网络特征，提取 ResNet101 的五大卷积模块中第 3、4、5 卷积模块的输出特征，上采样到统一大小，串联在一起进行分割预测。在串联特征层后面，添加一个用于预测二值分割结果的卷积预测层。为了对齐部件的大小，部件分割网络中还使用了一个候选区域处理层，该层的作用是从图像中切割出部件，并重新调整它们的大小，以一个对齐的大小整体输入网络中。当给定视频帧图像和目标部件的位置时，部件分割网络自动切割、对齐部件，进行并行预测，之后恢复到各部件的原始尺寸，给出预测结果。

2）部件分割网络的训练优化

与语义分割任务相似，部件分割网络训练采用的损失函数是使用像素数量比例加权的 Cross Entropy 函数，最终分类为二分类，0 代表背景，1 代表前景，函数表达如下：

$$L(P)=-(1-w)\sum_{i,j\in fg}\ln\left(E\left(y_{ij}=1;\theta\right)\right)-w\sum_{i,j\in bg}\ln\left(E\left(y_{ij}=0;\theta\right)\right) \tag{3.2}$$

其中，θ 表示的是 CNN 参数；y_{ij} 代表网络对输入的部件 P 在像素点 (i,j) 位置的预测值；w 是前景背景像素个数占全图像素个数的比例，用于缓解由像素数量差异带来的不平衡。在训练分割网络的过程中，对图像采取随机平移、旋转、缩放等变换方式进行数据增强，为了防止图像失真严重，本节将变换范围限制在平移 ±10%、缩放 ±10%、旋转 ±30 度内。为了训练通用的部件分割网络，采用训练集视频目标的部件图像及其真值掩模进行网络优化。优化过程使用随机梯度下降法来优化，将部件统一到 80 像素×80 像素的大小，每次训练输入 100 个部件图像。初始学习率从 10^{-6} 开始，每 50000 轮下降一半，直至最终训练轮数达到 200000。

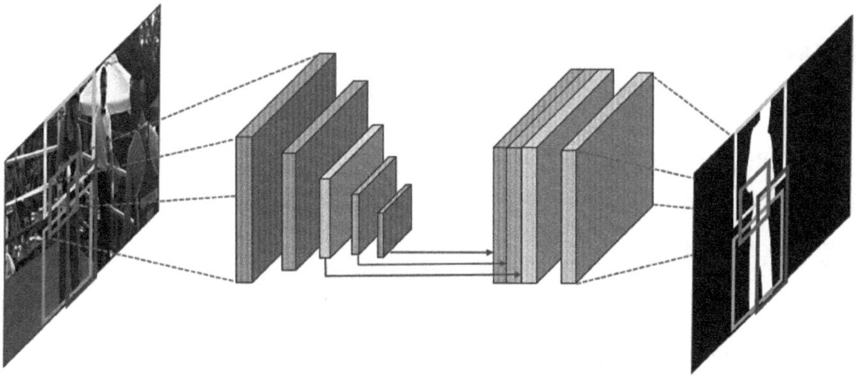

图 3.6　部件分割网络结构图

3.3.3　基于相似度的掩模合成

通过部件追踪和部件分割，可以得到目标物体大量部件的各自分割结果，可能由几十上百个物体的分割碎片组成。为了得到整体的分割掩模，需要将这些碎片化分割集成到一起，形成目标物体的图像级别分割掩模。最简单直观的集成为直接将所有部件结果相加并平均。但是由于部件追踪是存在错误追踪和追丢的情况的，视频帧尤其是视频后半部分的帧中，部件位置不一定准确，有可能坐落于背景上，直接加和会导致噪点累积。为了降低错误追踪的影响，本章提出一种基于相似度的掩模合成方式。

在掩模合成过程中，基于相似度的掩模合成方式除了考虑到当前帧的分割结果，还引入了当前帧和初始帧的相似度对比，对部件计算评分进行加权，尽可能地降低位于背景的部件评分。部件掩模的评分计算了当前帧部件和初始帧部件之间的表观相似度，在物体掩模合成过程中，通过提高和初始部件相似部分的评分，降低和初始部件完全不像部分的评分，实现高质量的掩模合成。本书假设后续帧中的部件和初始部件应该存在表观相似性，是基于本书对视频的观察结论：具有代表性的局部部件比物体更加具有表观一致性，更能克服非刚体形变带来的表观变化。

具体而言，假设第 t 帧 I_t 中的部件集合为 $P_t=\left\{P_t^1,P_t^2,\cdots,P_t^M\right\}$，基于相似度的掩模合成方式在特征空间，计算第 t 帧中的部件集合 P_t 和初始帧中的部件集合 P_0 的相似度，并选取初始帧中和当前部件 P_t^m 最相似的部件 P_0^n，用二者的相似度评分来作为部件 P_t^m 的最终相似度评分，部件 P_0^n 的选取公式如下：

$$n=\underset{P_0^i\in P_0}{\arg\min}\,\| f\left(P_t^m\right)-f\left(P_0^i\right)\|_2^2 \tag{3.3}$$

其中，$f(\cdot)$ 表示每个部件的神经网络特征描述，该特征提取自最后一层特征串联层的均值池化结果。总体评分策略包含三大组成部分：

$$S_{\text{seg}}(P_t)=S_{\text{ave}}(P_t)*\sum_{P_t^m\in P_t}\left[S_{\text{sim}}(P_t^m,P_0^n)*S_{\text{con}}(P_0^n)\right] \tag{3.4}$$

其中，P_0^n 代表初始部件集合 P_0 中筛选出的与 P_t^m 最相似部件（式 3.3）；* 代表点乘操作。第一个函数 $S_{\text{ave}}(\cdot)$ 中计算的是简单的部件平均，也就是第 t 帧中部件分割结果直接加和并平均的效果。

$$S_{\text{ave}}(P_t)=\sum_{i\in P_t}S^i\Big/\left|P_t\right| \tag{3.5}$$

其中，P_t 代表第 t 帧中的部件集合；S^i 是部件 i 的分割结果。

评测策略中的 $S_{\text{sim}}(\cdot)$ 函数表示的是当前帧和初始帧之间的部件特征相似度。而 $S_{\text{con}}(\cdot)$ 则为在初始帧中初始部件的评分大小，这是为了防止初始部件筛选时选出的部分部件本身就质量不佳。$S_{\text{con}}(\cdot)$ 由直接计算初始部件集合 P_0^n 的分割结果和真值的交并比得出：

$$S_{\text{con}}(P_0^n)=\mathcal{J}\left(G\left(P_0^n\right),\text{gt}\right) \tag{3.6}$$

其中，$\mathcal{J}(\cdot)$ 代表交并比计算函数；$G(\cdot)$ 表示部件分割网络；gt 为初始帧的标注真值。在初始帧标注的指引下生成的部件和其追踪结果，可以成功替换需要耗时耗力的模型微调步骤，来给网络提供物体的位置和表观信息。除此之外，本章设计的相似度集成算法也有效地减少了追踪误差导致的噪声等问题。

图 3.7 中对比了使用相似度集成法（本章算法）和直接平均法的效果区别。可以看出，直接平均的结果由于部件的追踪失误等问题，合成的掩模存在大量噪点，大多位于图像的左半部分，这是因为追踪丢的选择框大多会分布在图像运动方向反向的边缘。而在本章基于相似度的掩模合成方式中，我们通过计算当前帧部件和初始部件的相似度，有效地降低了噪声区域的评分，使正确的分

割结果得以凸显出来，合成高精度的物体分割掩模。

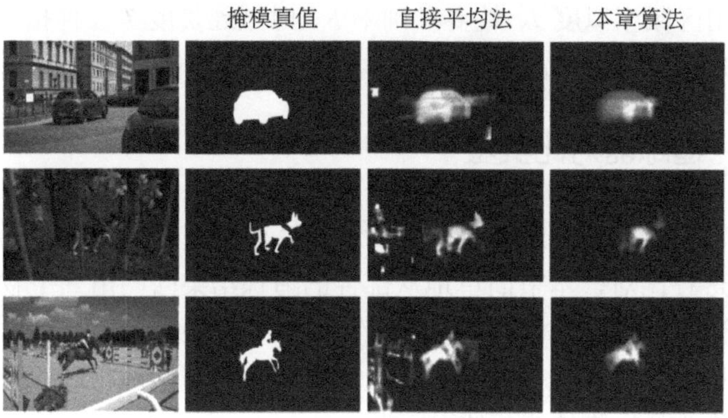

图 3.7　部件集成方式对比

3.4 实验结果与分析

本节展示本章提出的基于目标跟踪和前景分割的视频物体分割方法在物体追踪和视频物体分割任务上的性能，并与其他算法进行对比和分析。

3.4.1 数据集和评测指标

本章在 DAVIS 2016[4]和 DAVIS2017[111]两个数据集上进行实验验证和分析。DAVIS 2016 数据集总共包含 50 个视频，其中 30 个为训练集视频，20 个为测试集视频，视频均来源于现实世界拍摄，共有 3455 帧全像素标注。数据集中的每个视频都包含一个主要的前景物体，因此，其可以同时进行无监督视频物体分割任务和半监督视频物体分割任务。DAVIS 2017 数据集包含 150 个视频，共 10459 帧的像素级别标注，以及 376 个目标物体，目标物体小到直升机把手，大到犀牛大象，种类和大小十分丰富。数据集视频非常具有挑战性，这是因为视频中包含大量物体，而且多个目标之间可能会相互交错遮掩。由于单个视频中具有多个分割目标，DAVIS 2017 数据集上不能进行无监督视频物体分割，只有半监督的评测设定。

在物体追踪任务上采用交并比–召回率（IoU-Recall）曲线作为评测指标。其中，交并比 IoU 计算追踪器估计的物体框位置和物体实际方框位置真值的交并比；召回率 Recall 计算在阈值一定的条件下，存在追踪器框 IoU 大于阈值的物体方框真值个数占总物体方框真值个数的比例。对于视频物体分割掩模的评测指标，则采用区域相似度 J、边界准确率 F、时域连贯度 T 三种指标值，通过定量化的评测进行算法效果的衡量和对比，指标的详细计算方式见本书的 6.2 节。

3.4.2 追踪器对比实验

本章的部件追踪器追踪的是部件的位置，而不是整体物体。为了和追踪物体的追踪器进行比对，本节简单地从部件的追踪结果回归出一个物体所在的位置框。回归算法利用了“检测并追踪”的思想[124]，采用检测算法[125]得出的检测框作为候选区域，然后根据部件追踪结果计算得到与其最相近的检测框位置，将这个位置作为目标物体的整体追踪框。

本章在视频物体分割的 DAVIS 2016 数据集上对比领域先进的追踪算法 SiaFC 算法[120]、CF2 算法[117]、高效卷积追踪器（efficient convolution operators for tracking，ECO）算法[126]在整体追踪和部件追踪两种情况下的追踪结果。图 3.8 给出了各追踪器的性能对比曲线图，图中的虚线结果代表了使用部件追踪的评测曲线，而实线则代表直接应用检测器到物体整体上的追踪效果。可以看出，在其他条件相同的情况下，使用部件追踪的曲线均高于直接追踪物体的曲线。

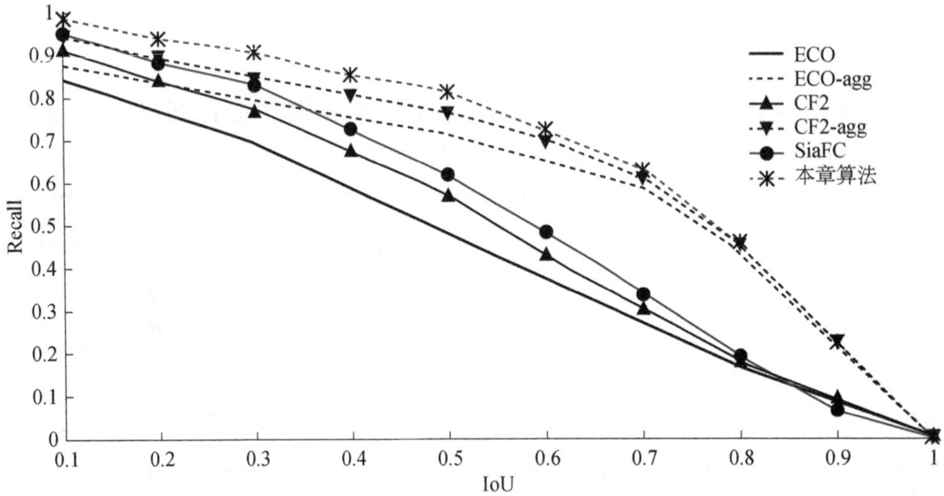

图 3.8 追踪器“交并比-召回率”曲线

追踪器的性能评估和对比分析能够有效辅助理解视频物体分割任务中的各类难点。例如，评测中具有高召回率的追踪器代表着物体在整个视频中都没有跟丢，但是交并比低的情况也昭示着检测框并没有紧密贴合整体物体。在图 3.8 中，大多数物体追踪器在交并比为 0.5 的情况下具有大概 60%的召回率，而本章采用的基于 SiaFC 的部件追踪器在这一点上具有 80%的召回率，正是这样的高召回率允许了部件追踪替换模型微调来提供目标信息。图 3.9 中给出了部分视频中典型部件的追踪结果示例，展示了本章提出的部件追踪算法在单目标、多目标视频物体分割任务中的通用性，同时也可观察到，本章提出的部件自动生成算法可以自主筛选出具有代表性的部件，部分部件与人类的语义认知相符，如单目标车辆视频中的橘色车轮部件、单目标跳舞视频中的深蓝色人脚部件等。

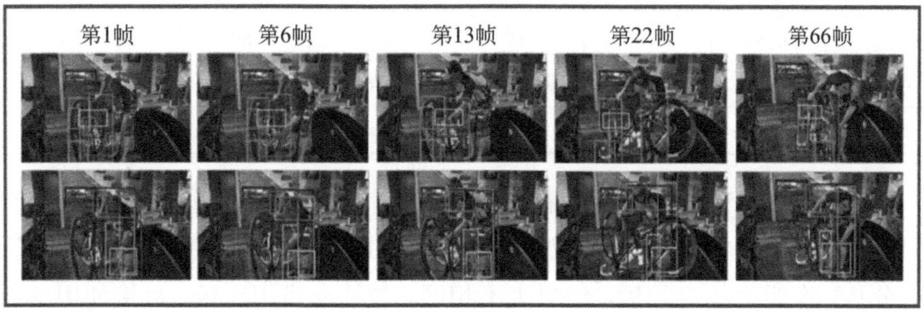

（a）多目标

（b）单目标

图 3.9　部件追踪结果示例（见彩图）

3.4.3　算法有效性验证实验

为了验证算法每部分的有效性和必要性，本实验依次移除算法汇总的关键部件，并测试其对视频物体分割性能的影响。实验在 DAVIS 2016 数据集上进行，具体数值如表 3.1 所示。算法的基准结果源于 SFL 算法[108]中半监督状态的全图分割，这是因为 SFL 半监督视频物体分割网络具有既快又准的视频物体分割效力。为了验证部件的有效性，本节对比基准模型结合整体物体追踪[120]（+整体追踪器）、部件追踪直接取平均的结果（$+S_{ave}$）和部件追踪使用相似度集成算法（$+S_{seg}$）的结果。

表 3.1　DAVIS 2016 数据集上的算法有效性验证实验结果

	基准掩模	+整体追踪器	$+S_{ave}$	本章算法（$+S_{seg}$）	+部件追踪器	本章算法+掩模优化（+CRF）
J_{mean}	0.707	0.696	0.739	0.779	0.786	0.824
J_{recall}	0.840	0.860	0.874	0.924	0.929	0.965
J_{decay}	−0.005	0.008	0.072	0.067	0.054	0.045
F_{mean}	0.695	0.671	0.727	0.760	0.772	0.795
F_{recall}	0.786	0.790	0.792	0.849	0.869	0.894
F_{decay}	−0.004	−0.003	0.089	0.076	0.060	0.055
T_{mean}	0.260	0.321	0.240	0.229	0.219	0.263

从表 3.1 中的评测指标可以看出，直接追踪物体十分不稳定，对视频分割的效果是有损伤的，即“+整体追踪器”比基准线的结果在区域相似度上低了 1.1 个百分点。换成部件追踪后，结果大不相同，与基准线相比较，直接使用部件取平均和使用本章的基于相似度的掩模合成方式的结果都要有所进步，直接取平均提升了 3.2 个百分点，采用相似度集成提升了 7.2 个百分点。这验证了使用部件追踪的有效性。基于相似度的掩模合成效果比直接取平均法高 4 个百分点，这验证了本章集成方法的去噪和掩模提纯能力。

为了进一步提升分割掩模性能，实验中添加了后处理流程进行掩模优化，分别为使用 3.4.2 节中介绍的部件拟合的追踪框来筛除框外噪点（+部件追踪器），以及使用条件随机场模型（conditional random field，CRF）算法[31]来进一步优化分割结果（+CRF）。这两项后处理算法依次为整体添加了 0.7%和 3.8%的区域准确率，进一步提升了算法性能。将本章算法的预测时间和性能加入图 3.1 中，得到图 3.10，其中“本章算法+掩模优化”代表使用了后处理优化后的掩模性能，可以看出，在不使用后处理的时候，算法可以达到少于 1 帧/s 的处理速度，并保持有较高的分割性能，达到了性能和速度的均衡。图 3.11 中的右三列依次展示了基准模型的视频分割结果、本章的基于部件追踪的分割结果、加上掩模优化后的分割结果。可以看出，随着算法部件的增加，分割精度逐渐提升。

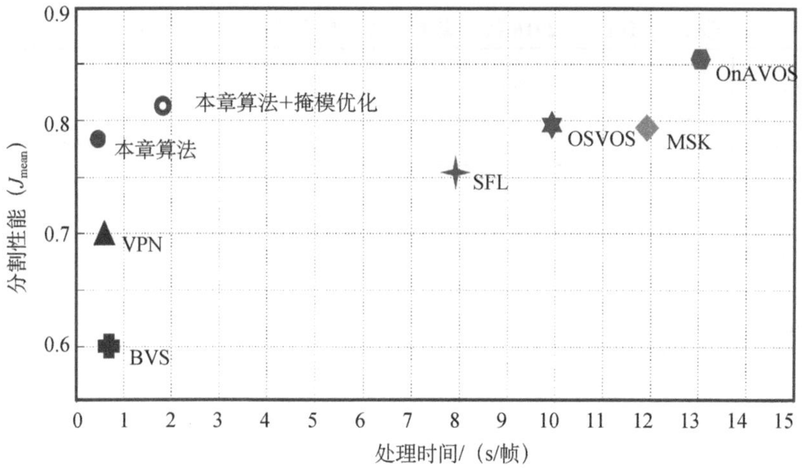

图 3.10　本章算法的处理性能和速度对比

图 3.11　本章算法的视频物体分割结果对比图（见彩图）

3.4.4　算法评价

1. 算法的单目标视频物体分割性能

实验在 DAVIS 2016 数据集的测试视频集合上进行本章算法与其他领先算法的对比，同时比较半监督和无监督的算法。表 3.2 中列举了各算法的运行条件，以及在数据集上的评测指标。

表 3.2 DAVIS 2016 数据集上算法的单目标视频分割性能评价

算法	初	后	预处理	在线可用性	推理时间/s	J_{mean}	F_{mean}	T_{mean}
OnAVOS	有	无	模型微调	弱	13	0.861	0.849	0.190
Lucid	有	无	数据生成，模型微调	弱	40	0.848	0.823	0.158
本章算法+掩模优化	有	无	无	强	1.8	0.824	0.795	0.263
OSVOS	有	无	模型微调	弱	10	0.798	0.806	0.378
MSK	有	无	光流，模型微调	弱	12	0.797	0.754	0.218
本章算法	有	无	无	强	0.6	0.779	0.760	0.229
ARP	无	有	数据生成	无	—	0.762	0.706	0.393
SFL	有	无	模型微调	弱	7.9	0.761	0.760	0.189
LVO	无	有	光流	无	—	0.759	0.721	0.265
CTN	有	无	光流	弱	29.95	0.735	0.693	0.220
FSEG	无	无	光流	弱	7	0.707	0.653	0.328
VPN	有	无	无	强	0.63	0.702	0.655	0.324
LMP	无	无	光流	弱	18	0.700	0.659	0.572
OFL	有	无	光流	弱	60	0.680	0.634	0.222
BVS	有	无	无	强	0.84	0.600	0.588	0.347

在算法的运行条件设置中，无监督算法不需要利用“初始帧”的监督信息，因此，初始帧一列可以区分算法的测试条件：半监督这一栏目填“有”，其余为“无”。预处理栏目简单分析了算法的运行条件，例如，是否需要额外计算运动光流信息，是否采用了复杂的数据生成来辅助训练，是否需要在初始帧上重新训练微调模型参数等。在线可用性，也就是本章算法主要研究的问题，则是根据速度和算法运行条件等分析得出，被粗略地分为“无”“弱”“强”三档。在衡量算法运行速度的时候，本章把所有的运行模块的推理时间，如光流、数据生成等都包含在其中，以方便各算法之间的公平比对。

从表 3.2 中可以看出，对于无监督算法，为了达到更高的性能，许多无监督算法会使用额外的信息，例如，融合运动和表观的视频物体分割算法（Fusion Seg：learning to combine motion and appearance for fully automatic segmentation of generic in videos，FSEG）[55]和基于运动模式的视频物体分割算法（learning motion pattems in videos，LMP）[49]使用了运动光流，基于视觉记忆的分割算法（learning video object segmentation with visual memory，LVO）[127]和基于区域增减的分割算法（region augmentation and reduction，ARP）[46]需要分析整个视频的信息。而作为无监督算法，它们的另一个共性是需要视频具有单一的目标。对于半监督条件下的视频物体分割，降低在线可用性的原因大多是算法处理中的附加步骤。例如，OnAVOS[107]、Lucid[106]、OSVOS[59]、MSK[63]和 SFL[108]算法需要在线训练；Lucid 算法需要复杂的视频数据模拟生成和图像扩充；MSK、卷积三叉戟网络（convolutional trident network，CTN）[109]和 OFL[85]算法需要额外的光流计算等。

在所有高性能算法中，和本章算法最相似的是 VPN[110]和 BVS[105]算法，因为它们也不需要复杂的预处理过程，而是直接进行分割。但是这两个算法都存在误差的传播累积问题，视频时长越长后续帧的分割结果越差。本章提出的基于目标跟踪和前景分割的快速视频物体分割算法通过不断地与第 1 帧进行比对和相似度计算，在一定程度上克服了误差传播的问题，从数值上可以看出，本章算法比 VPN 算法的区域相似度 J_{mean} 要高 12 个百分点。

总的来说，本章提出的快速视频物体分割算法具有最快的运行速度以及相对较高的分割性能，是一个更加实用的强力视频工具。图 3.12 中给出了部分分割结果的视觉对比示例，图中黄、蓝、绿色分别代表没有在线可用性、有弱在线可用性和具有强在线可用性的算法结果，可以看出，本章算法能够实现高效且高性能的视频物体分割。

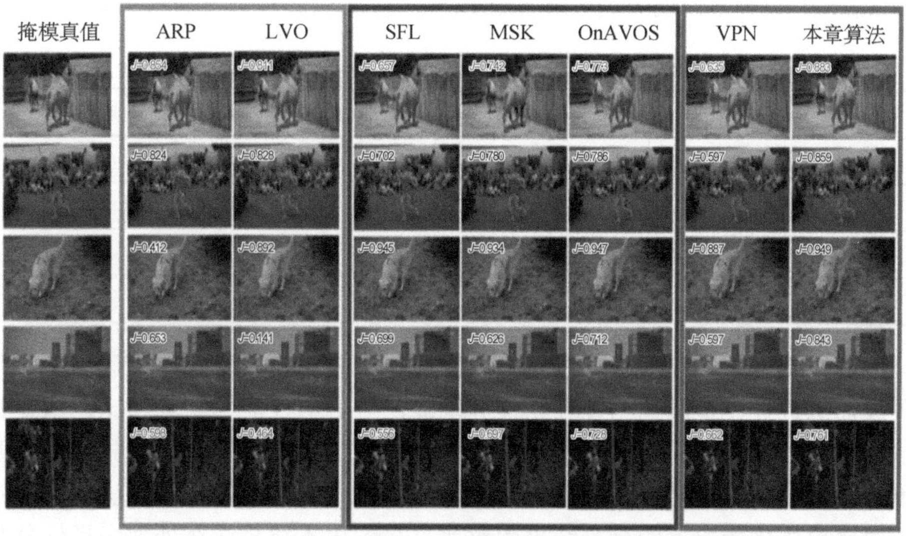

图 3.12　视频物体分割算法结果对比示例（见彩图）

2. 算法的多目标视频物体分割性能评价

本章算法在多目标视频物体分割任务上同样有效。为了验证这一点，我们在具有多目标的视频物体分割任务的 DAVIS 2017 数据集上进行实验对比。由于多目标视频物体分割任务的复杂性，高性能的分割算法[128]通常是通过极复杂的处理过程堆叠而成的，处理速度极慢。本章算法仅和同样具有较高处理速度的空间传播网络（spatial propagation network，SPN）算法[129]在这一数据集上进行比对。与单目标分割下的实验设定相同，本章算法首先使用部件追踪结果直接计算得到多目标的分割掩模：将多目标中的每个目标分别看作单目标来进行追踪和分割。这个过程相当于 SPN 中的在线训练过程：SPN 为每个目标单独在线调整一次模型参数，并额外训练一个通用的前景分割模型。

表 3.3 中的基准线结果便是不使用任何预处理、后处理情况下两种算法的结果对比。在计算复杂度低很多的情况下，本章算法甚至比使用了模型微调步骤的 SPN 算法具有更高的基础结果。其中的原因之一可能是多目标视频中存在大量表观相似的物体（如六只金鱼），这使 SPN 算法在根据首帧标注微调网络参数时容易产生认知混淆；但是部件追踪更加注重局部信息，比基于深度特征的表观模型更容易找到真实的物体。与 SPN 中后续处理相似，在本章算法后添加后处理的掩模优化模块来提升算法性能，如前景分割约束、SPN 网络精细化分割结果，以及基于连通域的信息优化等。表 3.3 中给出了三次优化后的掩模性能，本章算法可达到 54.6%的 J_{mean} 和 61.8%的 F_{mean}。

表 3.3　DAVIS 2016 数据集上的算法的多目标视频分割性能评价

	模型微调	指标	基准分割	前景约束	SPN 网络精细化	连通域信息优化
本章算法	无	J_{mean}	0.451	0.462	0.481	0.546
SPN	有		0.442	0.457	0.506	0.540
本章算法	无	F_{mean}	0.554	0.571	0.574	0.618
SPN	有		0.453	0.504	0.568	0.611

可以看出，在摆脱掉耗时耗力的在线训练步骤后，本章算法达到了和用在线训练进行模型微调的视频物体分割算法近似的性能。与其相比，本章算法不仅节省了视频的处理时间，还节省了模型的存储空间（模型微调后需要重新存储一套和原来一样大的新参数）。图 3.13 中给出了本章算法使用和不使用掩模优化情况下的分割结果图对比，显示出本章算法在处理多目标分割中的有效性。

图 3.13 本章算法在多目标视频物体分割任务中的分割掩模示例（见彩图）

3. 算法的运行速度评价

在 TitanX GPU 并行计算的条件下，将部件生成、部件追踪、部件分割和部件组合的时间平均到所有视频帧上，对本章算法各部分的运行速度进行具体评测。可以得出，在没有后处理的情况下，算法可以达到 0.6 s/帧的处理速度；其中部件追踪用时 0.2s/帧，部件分割用时 0.3s/帧，部件组合用时 0.1s/帧。在添加掩模优化步骤的情况下，CRF 算法需要用时 1s/帧，而使用追踪器进一步约束的分割结果需要 0.2s 每张图，因此，本章算法在最高性能的情况下处理单目标视频物体分割的用时为每帧 1.8s。

3.5 本章小结

在待测视频首帧中进行线上训练和模型微调是影响视频物体分割算法处理速度的一大因素；而不进行在线训练的模型通常会由于缺乏对目标表观信息的挖掘而导致分割性能较低。本章提出使用通用性的部件追踪和前景分割替代线上训练、利用追踪器锁定目标位置的方式，既利用了首帧的目标表观信息，又能够实现快速分割预测。本章首先介绍了通用的目标追踪器，并分析了目标追踪器在高复杂度视频物体分割任务中的不足之处，以及引入了大量部件追踪的必要性。基于此，本章提出了一种基于通用部件生成、追踪、分割与相似度融合的高效视频物体分割算法，并通过在单目标、多目标视频物体分割数据集上的实验对比与分析，论证了部件追踪的有效性和本章算法处理视频分割的高效性，为视频物体分割技术的速度提升问题提供了新的解决思路。

第 4 章　视频物体分割算法的训练优化

4.1　引　　言

视频物体分割要求算法根据视频首帧标注充分挖掘目标物体信息，实现对任意物体的分割。视频物体分割处理范围广、任务难度大，由于目标物体的未知性、多变性、高运动性等特点，算法的训练优化步骤尤为重要。视频物体分割算法需要在线下和线上的训练中快速掌握目标物体表观、运动信息等特性，在这些训练过程中，训练样本和损失函数是决定算法精度的两大重要因素。一个典型的视频物体分割模型如图 4.1 所示，训练样本决定了模型挖掘的数据范围，损失函数则决定了模型的优化方向。

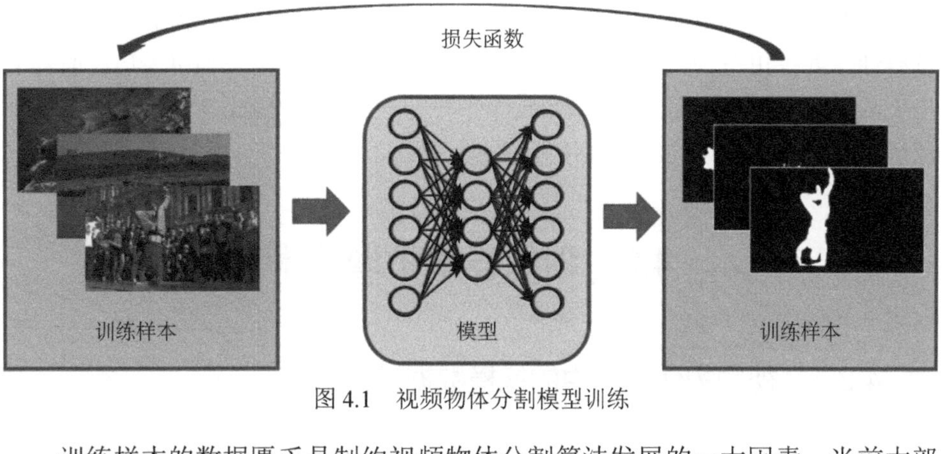

图 4.1　视频物体分割模型训练

训练样本的数据匮乏是制约视频物体分割算法发展的一大因素。当前大部分高性能的视频物体分割算法[59,130,131]均基于深度神经网络搭建，而深度神经网络为数据驱动型模型，其高精度离不开大量精细标注的训练数据。例如，高性能视频物体分割算法[59]依赖于约两千张精准的像素级别视频帧标注，文献[63]所提算法使用约 1 万张图像级别标注，而文献[107]所提算法利用到的训练图像样本数据超过十万张。由于网络对训练样本的需求量远超视频物体分割数据集能提供的几千张样本，文献[63]和[107]所提算法只能转向图像级标注寻求网络优化，但跨任务的标注信息并不能完美适配视频物体分割任务，可推测目前先进算法的性能仍有提升空间。视频物体分割任务训练样本数据的匮乏很难通过增添人工标注解决：一方面，视频物体分割掩模人工标注的难度高、工作量大，收集到与图像标注同等量级的视频物体分割标注要耗费海量的人力、物力；另一方面，在半监督视频物体分割任务中，模型在线训练中只被允许获取一帧视频图像的标注信息。基于此，本章介绍无须引入新的人力标注的训练样本扩增技术，为视频物体分割算法训练样本不足的问题提供一种解决方案。

损失函数是深度学习类算法重要的一环。作为学习准则，损失函数决定了深度网络的优化方向。深度神经网络和其他学习类算法通过最小化损失函数获取任务求解，从初始的随机变量参数取值逐步优化拟合至最优模型参数，从而获得训练有素的深度网络[132-134]。在视频物体分割中，最常使用的损失函数为交叉熵损失函数及其变种，用于约束模型预测出像素级别的视频物体掩模类别。但仅使用针对掩模整体分割质量设计的损失函数，容易导致模型忽略预测视频的运动信息、掩模的视觉效果较差等问题，因此，许多先进的视频物体分割算法采用联合学习的方式，利用考虑多种因素、多角度设计的损失函数训练视频物体分割模型，实现更高精度、更符合人类视觉效果的视频物体分割。

本章介绍视频物体分割的训练过程中训练样本扩增技术和损失函数设计的重要性，并提出一种视频物体分割的光流扩增方法，以及一种引入边缘监督的损失函数，结合在视频物体分割数据集[4,56,111,135]上的实验对比，具体分析这两种训练优化技术在视频物体分割任务中的重要性。

4.2 训练样本扩增技术

4.2.1 视频物体分割中的掩模数据扩充

虚拟生成是训练样本扩增中的一项通用技术，除在本书 2.3.2 节中所述的基于图像仿射变换的简单图像生成外，有许多算法提出了更复杂、更仿真的数据生成方式，例如，基于三维（three-dimensional，3D）引擎的数据生成，以及较为简单的基于图像组合的数据生成等。

基于 3D 引擎的数据生成通过建立三维模型仿真世界背景，然后将其转换为二维视角拍摄图像仿真视频数据，其典型算法有文献[87,136-139]中所提算法。其中，文献[87,136]使用游戏引擎进行动作演化和数据仿真，包含复杂的物体动作和背景变换；文献[10,137,138]则混合实际数据和虚拟仿真数据用于训练模型。这些基于 3D 引擎的生成方式可输出大量的、可控的、真实度极高的视频图像数据及其标注，但需要针对任务自行搭建 3D 模型，工程量大、技术难度高。

基于图像组合的数据生成方法直接从图像数据进行仿真生成，例如，文献[139,140]将实际拍摄得到的图像数据进行简单组合获取新的生成数据；文献[141]基于视频首帧注释对人体骨骼标注信息进行了数据扩充等，这些简单数据生成方法在目标检测、文本定位、位姿估计等任务上具有较好的性能提升作用。文献[106]将该方法使用在视频数据扩充中，进一步地验证了基于图像组合的数据生成方法在复杂的视频物体分割任务上的有效性。

图 4.2 给出了文献[106]中的数据生成流程：首先根据视频帧的掩模标注将物体与背景像素分离，然后使用图像填充方法将失去目标物体的背景图像填充完整，在对目标物体和背景像素分别进行随机扰动后，将二者重新组合，得出带有新的像素级标注的视频帧图像。通过这种生成方式，文献[106]可实现单帧图像到成千上万帧量级的数据扩充，在 DAVIS 2017 数据集上的训练效果表明，使用文献[106]中数据扩充的算法可以节省 20～1000 倍的真实数据需求。

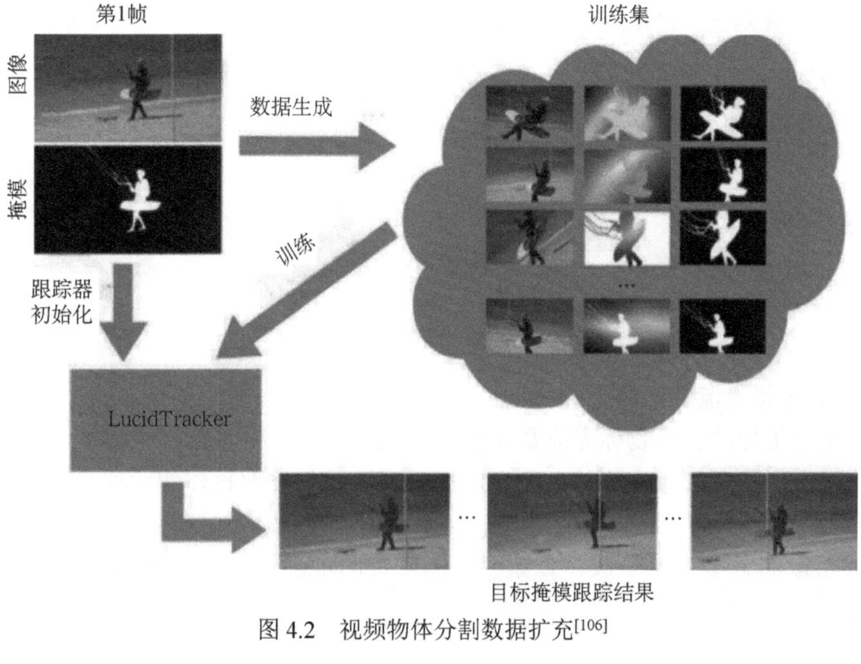

图 4.2　视频物体分割数据扩充[106]

4.2.2 视频物体分割中的光流数据扩充

如本书的第 2 章所述，光流是视频中的一种常见且重要的分割线索。但含视频物体分割标注的数据集和含光流标注的数据集通常存在较大差异：前者主要为真实世界拍摄视频[4,111]，后者主要为虚拟引擎中的生成视频[86,87]。因此，同时需要光流和分割数据进行训练的算法，如本书第 2 章提出的 SegFlow 网络，通常需要在与视频分割任务画风相差较大的光流数据集上训练光流模型，并容忍因数据域差异导致的性能损失。

本章提出，基于图像组合的数据生成方法在视频物体分割相关的光流训练预测中仍然有效。与文献[106]类似，本章提出的视频物体光流数据扩充方法可以虚拟生成视频中的目标运动以及相应的光流标注，其物体运动模拟真实世界情境，可辅助训练需利用光流信息的视频物体分割模型，使其使用单一的视频物体分割数据集即可同时学习到表观和运动两类信息。本章的算法流程图如图 4.3 所示，下文中介绍算法的具体实现方式。

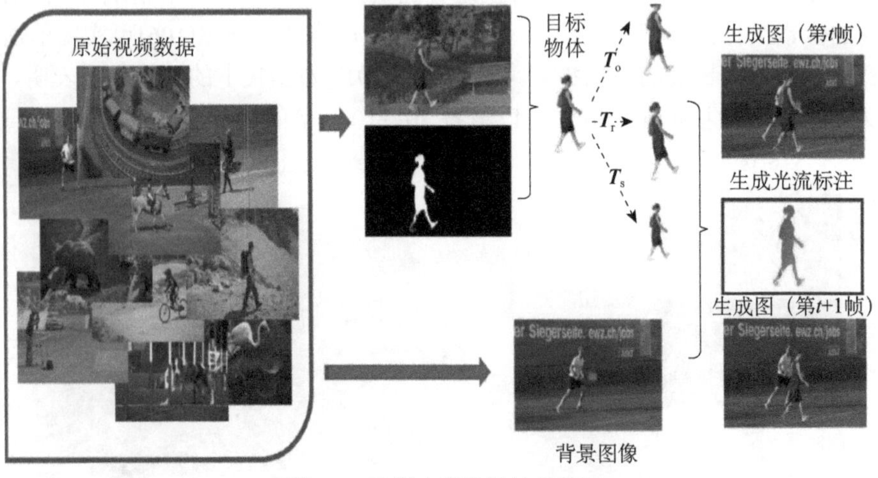

图 4.3 视频光流数据扩充流程

1）虚拟光流的计算公式

本章提出的视频物体光流数据扩充方法关注视频中目标物体运动光流的预测。通过对实际视频中物体运动光流的观察，我们发现物体的运动光流可近似拆分为平移、旋转、缩放三种图像变换，因此，采用类似的变换模型实现对物体区域相似的虚拟光流生成。像素点(i, j)位置的虚拟光流(u, v)的计算公式可表示为

$$[u,v,0]=[i,j,1]*(T-I) \tag{4.1}$$

其中，*表示向量乘法；I 为单位矩阵；T 为总体光流的变换矩阵，综合了平移（$\boldsymbol{T}_{\mathrm{o}}$）、旋转（$\boldsymbol{T}_{\mathrm{r}}$）、缩放（$\boldsymbol{T}_{\mathrm{s}}$）三种图像变换（$\boldsymbol{T}'=\boldsymbol{T}_{\mathrm{o}}*\boldsymbol{T}_{\mathrm{r}}*\boldsymbol{T}_{\mathrm{s}}$），如式（4.2）所示，控制变换的参数包括：位移参数 w_{off} 、 h_{off} ，缩放系数 sc 和旋转角度 θ 。

$$\boldsymbol{T}_{\mathrm{o}}=\begin{bmatrix}1 & 0 & h_{\mathrm{off}}\\ 0 & 1 & w_{\mathrm{off}}\\ 0 & 0 & 1\end{bmatrix},\quad \boldsymbol{T}_{\mathrm{r}}=\begin{bmatrix}\cos\theta & -\sin\theta & 0\\ \sin\theta & \cos\theta & 0\\ 0 & 0 & 1\end{bmatrix},\quad \boldsymbol{T}_{\mathrm{s}}=\begin{bmatrix}1+\mathrm{sc} & 0 & 0\\ 0 & 1+\mathrm{sc} & 0\\ 0 & 0 & 1\end{bmatrix} \tag{4.2}$$

2）数据生成

（1）单目标视频物体分割任务中的数据生成。对于单目标视频物体分割任务，算法随机从训练集所有视频帧中挑选出一帧图像作为背景帧（I_{bg}），选取不同视频的另一帧图像作为前景帧（I_{fg}），前景帧的选取需保障目标掩模的像素数量多于 100，防止因目标过小造成失真。如图 4.3 所示，从前景帧中将目标图像按照掩模标注切分出来，将其嵌入背景图像的任意位置；保持背景帧图像不变，随机选取参数对目标图像进行变换，并根据嵌入位置和选取的变换参数计算得到光流扰动值的具体大小，得到一组生成图像（时域连续的视频帧 $\hat{I}_t$ 和 $\hat{I}_{t+1}$ ，及其光流真值）。

（2）多目标视频物体分割任务中的数据生成。与单目标类似，算法从训练集所有视频帧中随机挑选出一帧图像作为背景帧（I_{bg}），选取另一视频帧作为前景帧（I_{fg}），选取过程中保障前景帧中每个目标的掩模像素数量均大于 100。依次裁剪出前景帧中的各个物体，将其粘贴到背景帧中，得到生成视频帧 $\hat{I}_t$ ，并对其进行细微变换后再次粘贴到同一位置，得到生成视频帧 $\hat{I}_{t+1}$ ，将所有物体的光流扰动值加和得到两帧图像间多个目标的光流真值。

图 4.4 中展示了部分单目标、多目标视频物体分割任务中的光流数据生成结果样例。每行的三组图像分别为生成的连续视频帧图像 $\hat{I}_t$ 、 $\hat{I}_{t+1}$ ，以及计算得出的光流真值（为了方便辨识，将二维光流转换为灰度示意图）。在 4.4 节的实验分析中，我们通过将光流数据扩充技术应用到本书第 2 章的 SegFlow 算法上，验证了本章提出的光流数据扩充技术的有效性。

(a) 单目标

(b) 多目标

图 4.4　部分光流数据扩充结果示例

4.3　训练损失函数设计

4.3.1　联合学习

本节主要讨论联合学习的损失函数，即损失函数中包含不同优化目标的训练函数，如在检测算法中的损失函数同时实现检测框定位、类别概率预测等目标。由于计算机视觉任务中的共性与关联度（如图像分类、检测和分割任务），将多任务合起来一起训练是一种直观有效的训练方式。多目标联合训练在各类任务上[108,122]通常会取得比单一损失函数更好的效果。

大多数采取多目标训练函数的模型对不同任务设计不同的损失函数，然后对损失函数加权来训练网络。这种类型的算法在网络过程中，通常需要一个具有多任务标签的数据集。例如，基于区域提取网络的快速目标检测算法（faster region-based convolutional neural network，Faster RCNN）算法[142]中，具有候选区域提取、候选区域分类和检测框回归三个任务，三个任务同时训练，要求数据集有分类和检测框的标注。更进一步地，实例分割掩码模型（mask region-based convolutional neural network，MaskRCNN）算法[122]在 Faster RCNN 算法的基础上又添加了一个分割支路，该网络能够同时学习预测检测和分割的结果；相对应地，MaskRCNN 算法的训练数据集也要求同时具有检测和分割的标注。在这两个工作中，多任务联合学习的效果都要优于单任务的训练和预测，这是由于单一损失函数训练会导致网络针对损失函数中的指标进行优化，不利于培养网络模型的鲁棒性；而相关联的多目标损失函数训练则约束网络只有在实现各指标均衡的完美预测时才能达成优化目标，促使模型在训练中达到更通用、鲁棒、高性能的收敛点。

4.3.2　视频物体分割中的掩模边缘问题分析

在视频物体分割任务中，当只使用针对掩模整体性能指标的交叉熵损失函数训练时，训练得到的算法模型预测的整体掩模评测指标很高，但是由于训练时并没有考虑到边缘细节部分，所以可能会存在边缘粗糙、不对齐等问题。尽管边缘像素数量相对较少，对评测值影响很小，但是从分割后的视觉效果来看，边缘是否对齐有很大的区别。例如，从视频中根据分割掩模切除某个物体时，如果掩模边缘粗糙，那么切除后视频中可能会留下物体轮廓周边的少许像素，不便于后续处理。图 4.5 所示为先进算法基于提案生成-优化-融合的视频分割方法（proposal-generation，refinement and merging for video object segmentation，PReMVOS）[61]、无需时域信息的视频分割模型（video object segmentation without temporal information，OSVO-S）[128]、OnAVOS[107]、基于卷积神经网络的高阶时空马尔可夫随机场模型（CNN-based higher-order spatio-temporal MRF，CINM）[143]、RGMP[64]的预测结果掩模，从局部放大可看出，尽管整体掩模预测很准确，但是边缘细节由于不被模型注意，表现得较为粗糙。

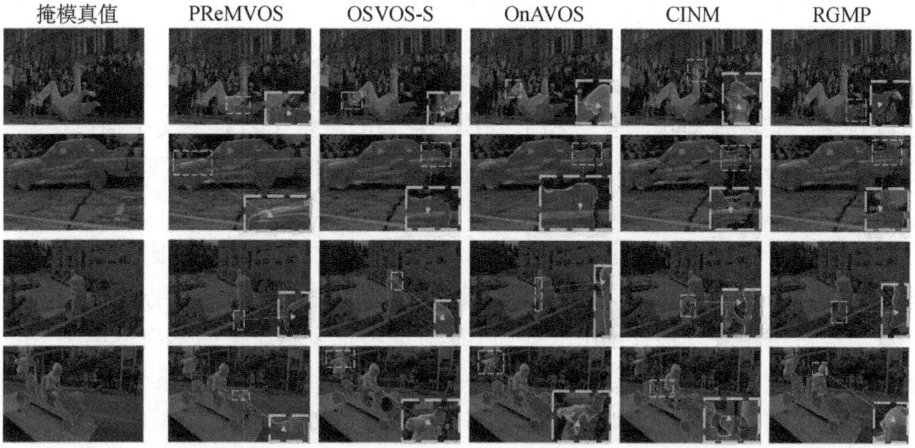

图 4.5　视频物体分割算法预测结果——高精度掩模与粗糙边缘（见彩图）

这个问题已经被很多研究者意识到并试图处理。例如，OSVOS 算法[59]中为掩模边缘训练了一个独立的边缘预测网络，该网络能够预测出图像中所有的边缘像素点，然后使用一个边界拟合过程（计算超像素和连通域，并对齐预测边缘和物体掩模）来精准化预测结果中的边缘位置。再如，使用后处理方法追索边缘像素的算法[59,129,130,144]，利用通用的后处理方法，如 CRF[145]、空间约束网络[129]等实现粗糙掩模优化，进而提升边缘精准度。这些后处理方法大多需要使用更多的外部数据进行训练，并且只能在掩模精细化过程中连带处理预测掩模的边缘粗糙问题；其处理过程通常需要耗费时间和资源，如需要对视频的每个目标物体精调一个优化网络[143]，或者需要进行参数空间的搜索[144]来确定最佳优化参数等。除此之外，文献[59,130]中的算法单独预测出的边缘和掩模并不对齐，需要耗费很大心力来将边缘结果和掩模结果一致化。

基于上述观察，本章提出一种无须耗费太多资源的掩模-边缘联合损失函数，通过引入一个简单、一体化、可端到端训练的边界模块，使整个网络能够自然地预测出和掩模相符合的边缘结果，并根据边缘预测进行联合学习优化，使最终模型能一次性预测出具有精准边界的视频物体掩模。

4.3.3 视频物体分割的掩模-边缘联合损失函数设计

本章设计一种简单直观、能够训练网络精准预测高质量掩模和边缘的视频物体分割算法损失函数：掩模-边缘联合损失函数。为了验证该损失函数的有效性和通用性，使用通用的基于卷积神经网络的表观分割模型作为基准算法，在不同设置下训练网络并对比其性能进行验证。

图 4.6 展示了算法的总体框架图。其中，基准算法模型采用卷积神经网络与多层特征堆叠组成，本章设计了一种可以嵌入卷积神经网络的边缘模块，该模块具有较强的网络兼容性，能够根据表观网络的输出来计算得到和掩模一致的边缘预测，实现掩模预测任务和边缘预测任务的联合学习。下文中描述该基础表观模型的搭建、边缘监督损失函数的设计及训练细节。

1）基准表观模型的搭建

在图像分割任务中，全卷积神经网络[29]和特征综合[146]具有很大优势，因此本章采用全卷积网络附加特征金字塔融合的形式来搭建基础网络。网络架构采用在分类任务上表现极佳的 ResNext-101[147]，特征金字塔采用网络中第 2～5 卷积模块的输出特征构建。具体而言，ResNext-101 网络结构是一系列小型网络拓扑的堆叠，随着网络层的加深，特征图的大小逐渐减小，第 2～5 卷积模块的特征输出大小分别为 1/4、1/8、1/16、1/32 的原图大小。特征金字塔通过上采样层、加和层由上到下地综合这些不同大小的特征，最后融合特征为原图大小的四分之一，在其后串接了一个卷积层作为分割预测层。分割预测层输出原图大小 1/4 的两通道分割预测概率，通过四倍上采样达到原图大小，然后计算损失，使用常用的分割损失函数交叉熵（图 4.6 中的掩模监督损失函数）进行训练优化，即可得到一个高质量的视频物体分割基准模型。

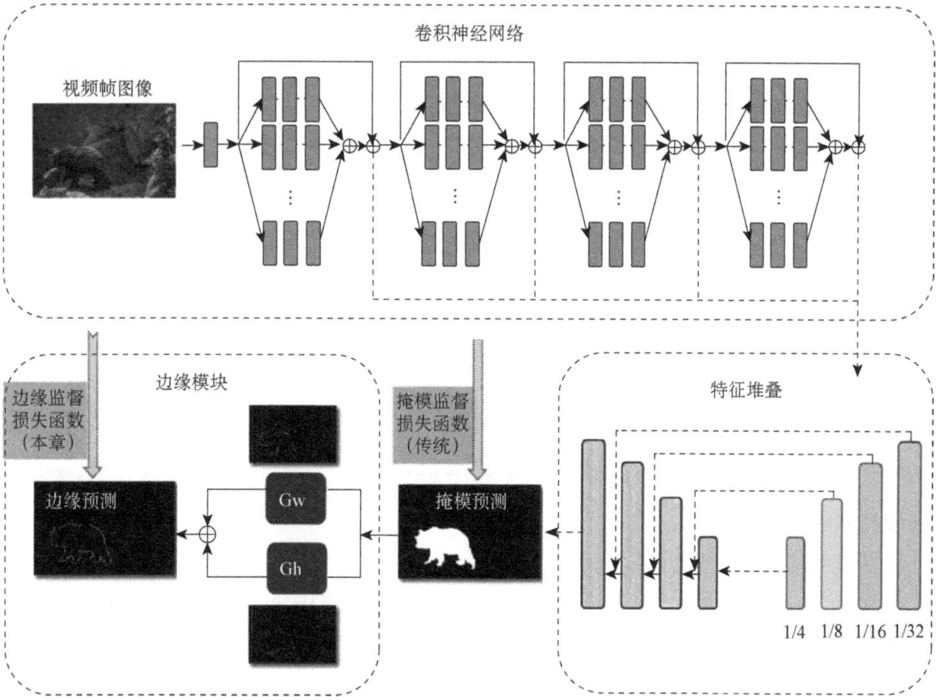

图 4.6　掩模–边缘联合损失函数及模型总体框架

2）边缘监督损失函数的设计

在视频物体分割任务中，边缘预测的准确与否十分影响整体效果，现有前沿算法中试图增进边界效果的方法大多需要耗费大量计算和时间资源，使用单独步骤预测边界并对齐。基于这一现象，本章设计一种能够使边界预测和掩模预测结果自发对齐的边缘监督损失函数，直接根据训练过程中掩模的实时预测结果计算边缘图，并根据边缘图计算监督信息和训练损失。有了这样自对齐的边缘模型，网络就能够在训练过程中学习到边缘的重要性，可以在测试集中同时预测出高质量的、细节精细化的掩模和边缘。

从掩模计算边界图有很多方法，如久经考验的一阶算子和二阶算子[148]，以及近期提出的深度学习算法等[15,149-151]。使用深度学习算法计算边界虽然速度和精度都很高，但有可能造成上文中描述的边缘和掩模不对齐问题，因此，函数的边缘计算选取可以使用在深度神经网络最常见的卷积层中的传统边缘算子索贝尔（Sobel）算子。

Sobel 算子，也被称为 Sobel 滤波器，在边缘计算中经常被使用到。该算子可以被卷积操作拟合，天然与卷积神经网络的结构兼容。Sobel 算子计算边缘梯度值的过程可以被模拟成3×3 大小的卷积核在掩模上的卷积，含纵向卷积一次，横向卷积一次。这两个卷积核的具体数值如式（4.3）所示，其中，$\boldsymbol{G}_{\mathrm{h}}$ 卷积核用于提取纵向边缘；$\boldsymbol{G}_{\mathrm{v}}$ 卷积核提取横向边缘。

$$\boldsymbol{G}_{\mathrm{h}}=\begin{bmatrix}-1 & 0 & 1\\ -2 & 0 & 2\\ -1 & 0 & 1\end{bmatrix},\quad \boldsymbol{G}_{\mathrm{v}}=\begin{bmatrix}1 & 2 & 1\\ 0 & 0 & 0\\ -1 & -2 & -1\end{bmatrix} \tag{4.3}$$

在掩模图像上使用两个卷积核之后，可以得到对应的纵向和横向边缘图。用 $\mathbb{C}(\cdot)$ 表示卷积操作，X 表示输入图像，则最终的边缘图 Y 的计算方式可以表示为

$$Y=\sqrt{\mathbb{C}_{\mathrm{h}}\left(X\right)^{2}+\mathbb{C}_{\mathrm{v}}\left(X\right)^{2}} \tag{4.4}$$

其中，$\mathbb{C}_{\mathrm{h}}(\cdot)$ 和 $\mathbb{C}_{\mathrm{v}}(\cdot)$ 分别代表卷积核为 $\boldsymbol{G}_{\mathrm{h}}$ 和 $\boldsymbol{G}_{\mathrm{v}}$ 的卷积。为了方便实现，本章算法的边缘模块在实际计算时将 Sobel 算子最后一步的平方根加和操作修改为两张边缘图的直接相加。

为了保障边缘监督损失计算的可导性，使其能够在不破坏网络训练反向传播的情况下嵌入神经网络，将计算二值化掩模时使用的不可导函数 $\mathrm{argmax}(\cdot)$ 替换为 $\mathrm{argmax}_{\mathrm{soft}}(\cdot)$ 函数。该替换函数在文献[150]中已被证明可以近似计算得到 $\mathrm{argmax}(\cdot)$ 函数的结果，且函数本身可导。$\mathrm{argmax}_{\mathrm{soft}}(\cdot)$ 函数的计算公式如下：

$$\mathrm{argmax}_{\mathrm{soft}}\left(x\right)=\sum_{i}\frac{\mathrm{e}^{\lambda x_i}}{\sum_{j}\mathrm{e}^{\lambda x_j}}i \tag{4.5}$$

其中，$\boldsymbol{x}=\left(x_1,x_2,\cdots,x_n\right)$ 代表输入的向量；λ 是一个缩放系数，用于拉伸预测值之间的间距，λ 越大，$\mathrm{argmax}_{\mathrm{soft}}(\cdot)$ 值越接近 $\mathrm{argmax}(\cdot)$。本章中将 λ 值设定为1000，在训练和测试过程中均固定为此值。

将 DAVIS 2016 数据集训练数据的掩模标注输入上文中的边缘计算模块，计算得出边缘图，并基于训练集数据的边缘图真值进行评测，测得边缘像素的平均召回率为 100%，准确率为 99.8%，这验证了本章算法中边缘提取模块的精准性。

边缘监督损失函数设计同时将边缘的召回率和准确率纳入考虑，损失函数计算公式如下：

$$L_e(W)=1-\frac{2P_b(W)R_b(W)}{P_b(W)+R_b(W)} \tag{4.6}$$

其中，W 代表网络中可优化的参数；$P_b(W)$ 和 $R_b(W)$ 分别代表边缘像素的准确率和召回率，将其书写简化为 P_b 和 R_b。在网络训练的反向传播中，式（4.7）展示了式（4.6）的导函数推理过程，展示了其可导性。

$$\frac{\partial L_e}{\partial W}=-2\frac{\frac{\partial(P_b+R_b)}{\partial W}(P_b+R_b)-\frac{\partial P_bR_b}{\partial W}(P_b+R_b)}{(P_b+R_b)^2}=2\frac{\frac{\partial P_b}{\partial W}R_b^2+\frac{\partial R_b}{\partial W}P_b^2}{(P_b+R_b)^2} \tag{4.7}$$

本章同时使用掩模监督和边缘监督进行联合训练，提出掩模-边缘联合损失函数 $L(W)$，则训练过程中的损失函数可表示为

$$L(W)=\alpha L_s(W)+\beta L_e(W) \tag{4.8}$$

其中，$L_s(W)$ 为掩模监督损失；$L_e(W)$ 为边缘监督损失；两种损失函数的权重值 α 和 β 根据实验进行设置。

3）训练细节

在训练中，由于视频物体分割数据集中的数据量相对较小，容易使神经网络过拟合，所以采用基于图像仿射变换的简单数据扩充步骤提升数据量级。整体训练分为两阶段。

（1）在第一阶段，线下训练得到一个通用的前景分割模型，该阶段的训练数据是所有训练视频中图像的组合。在这一阶段，优化采用的是随机梯度下降方法，学习率由 10^{-4} 开始，动量设置为 0.99，衰减指数为 10^{-4}。这一阶段训练得到的网络能够分割出图像中所有的前景像素。实验部分展示了本章利用第一阶段的网络训练来寻找最佳的损失函数组合系数的过程。

（2）在第二阶段，在测试视频的初始帧上进行线上训练实现模型微调，这一阶段的学习率是之前的十分之一，减小参数更新的速度防止模型过度漂移。线上训练帮助模型学习到具体的目标信息，使网络能够锁定目标，并只分割这一个目标的像素而不是所有前景物体。

4.4　实验结果与分析

4.4.1　数据集和评测指标

本章在 DAVIS 2016 数据集[4]和 Youtube-Objects 数据集[56,135]上进行实验验

证和分析。其中，DAVIS 2016 和 Youtube-Objects 均为单目标视频物体分割数据集，DAVIS 2016 数据集包含 30 个训练集视频，20 个测试集视频，共 3455 帧标注图像；Youtube-Objects 数据集包含 10 大类物体的 1407 个视频，视频最长能达到 400 帧，其中含像素级别掩模标注的视频共 126 个。

对视频物体分割掩模的评测指标则采用区域相似度 J、边界准确率 F 及其均值 $G=(J+F)/2$，指标的详细计算方式见本书的 6.2 节。对于光流的评测，在有光流标注的数据中采用 EPE；在无光流标注的情况下，使用视频分割掩模的标注进行等效评价。如图 4.7 所示，假设视频第 t 帧和第 t+1 帧图像为 I_t 和 I_{t+1}，图像大小为 $W\times H$，对应的物体分割掩模真值为二值化掩模 M_t 和 M_{t+1}，使用光流预测结果 $\mathrm{flo}=\left[u_{ij},v_{ij}\right], i=1,2,\cdots,W, j=1,2,\cdots,H$。将 M_t 映射到 $\hat{M}_{t+1}$，则

$$\hat{M}_{t+1}\left(i+u_{ij},j+v_{ij}\right)=\begin{cases}1, & M_t(i,j)=1\\ 0, & \text{其他}\end{cases} \tag{4.9}$$

其中，$i=1,2,\cdots,W; j=1,2,\cdots,H$。若光流预测精准，则 $\hat{M}_{t+1}$ 应与 M_{t+1} 完美重合，因此，可采用 $\hat{M}_{t+1}$ 和 M_{t+1} 的交并比等效评测光流预测算法的性能，交并比值越大，则光流预测的精度越高。

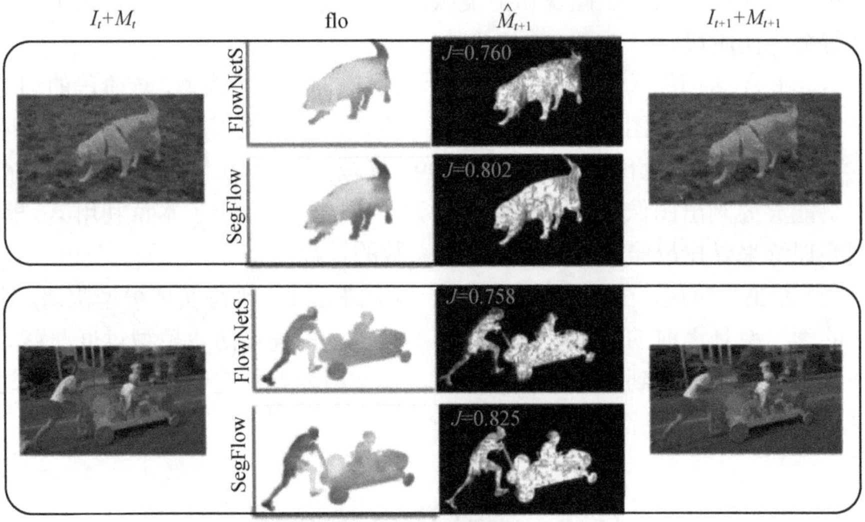

图 4.7　掩模与光流映射（见彩图）

4.4.2　训练样本扩增技术的有效性验证

1. 掩模数据扩充技术

引用自文献[106]的表 4.1 对比了 DAVIS 2016 数据集中半监督条件下视频

物体分割任务上几种先进算法（全卷积候选区域生成网络（fully connected object proposals，FCP）[152]、BVS[105]、OFL[85]、超轨迹视频分割算法（super-trajectory for video segmentation，STV）[153]、VPN[110]、OSVOS[59]、MSK[63]、PReMVOS[61]、OnAVOS[107]、时空条件随机场视频分割算法（deep spatio-temporal random fields for efficient video segmentation，VideoGCRF）[154]、Lucid[106]）的性能、训练数据量（k 表示千）和是否需要光流参与训练（√表示需要光流，×表示不需要）。可以看出，未在视频掩模上进行训练的算法普遍结果较差，其中性能最好的 STV 算法的区域相似度 J_{mean} 也仅为 73.6%；而既不进行训练也不使用视频光流的算法中，性能最好的 BVS 算法区域相似度 J_{mean} 仅为 66.5%，体现出训练步骤对视频物体分割算法性能的重要影响。

表 4.1　掩模数据扩充技术算法分割性能对比[106]

算法	训练数据量	光流	J_{mean}	J_{recall}	J_{decay}	F_{mean}	F_{recall}	F_{decay}
FCP	0	√	0.631	0.778	0.031	0.546	0.604	0.039
BVS	0	×	0.665	0.764	0.260	0.656	0.774	0.236
OFL	0	√	0.711	0.800	0.227	0.679	0.780	0.240
STV	0	√	0.736	—	—	0.720	—	—
VPN	约 2.3k	×	0.750	—	—	0.724	—	—
OSVOS	约 2.3k	×	0.798	0.936	0.149	0.806	0.926	0.150
MSK	约 11k	√	0.803	0.935	0.089	0.758	0.882	0.095
PReMVOS	约 145k	√	0.849	0.961	0.088	0.886	0.947	0.098
OnAVOS	约 120k	×	0.861	0.961	0.052	0.849	0.897	0.058
VideoGCRF	约 120k	×	0.865	—	—	—	—	—
Lucid	50	√	0.866	0.973	0.053	0.848	0.931	0.075

在使用视频图像标注数据进行训练的算法中，性能较高的算法需要两千张左右的人工标注辅助训练（VPN、OSVOS），对数据需求量较大的算法甚至能达到 1 万张以上（PReMVOS、OnAVOS、VideoGCRF），对数据采集和标注工作造成了极大压力。而利用数据扩充技术的 Lucid[106]仅需每视频 1 帧的标注量级，便可使用算法进行自动数据生成和扩充，使用扩充后的数据训练出的模型效果甚至优于使用 14 万张真实数据训练的 PReMVOS 算法，这验证了掩模数据扩充技术在视频物体分割算法训练过程中的重要性。

2. 光流数据扩充技术

以本书第 2 章所提网络为基准网络分析是否使用光流信息、是否使用本章的光流数据扩充技术对视频物体分割性能的影响。表 4.2 中列出了不同条件下的模型在 DAVIS 2016 数据集上的掩模和边界准确率评测指标 J_{mean} 和 F_{mean}。对比表格第 2、3 行可看出，引入光流后，视频物体分割性能将 J_{mean} 和 F_{mean} 分别由 72%、72%提升至 74.9%和 74.6%，验证了光流信息在视频物体分割算法中的重要作用，也进一步说明了光流数据扩充技术的必要性。

表 4.2　光流数据扩充技术算法分割性能对比表

光流数据扩充	光流支路	J_{mean}	F_{mean}
√	√	0.770	0.766
×	√	0.749	0.746
×	×	0.720	0.720

在基于 DAVIS 2016 数据集生成的单目标、多目标光流扩充数据上，训练光流预测算法 FlowNetS[10]和第 2 章的联合预测算法，对比其在生成数据集上的 EPE 指标和在原始 DAVIS 视频物体分割数据集上的光流性能（以掩模性能等效评价，详见 4.4.1 节中的介绍）。表 4.3 中给出了具体评测结果，其中，FlowNetS 代表不在光流生成数据上进行微调的模型；FlowNetS+ft 代表在生成的光流数据上再次训练后的模型；SegFlow 代表光流支路仅在生成数据上进行优化的模型。在光流扩充数据上微调后的 FlowNetS+ft 在各任务上的 J_{mean} 指标均优于 FlowNetS，这验证了本章的光流数据扩充技术对光流估计算法的提升作用。在单目标光流扩充数据上训练得到的 SegFlow 模型在真实数据上具有最高的性能，这是由于该模型同时考虑了分割和光流信息，且单目标的生成光流较多目标更为清晰、精准。

表 4.3　算法光流估计性能对比

算法	扩充方式	EPE（生成数据集）		DAVIS 2016 训练集		DAVIS 2016 测试集	
		单目标	多目标	J_{mean}	F_{mean}	J_{mean}	F_{mean}
FlowNetS	—	0.945	1.155	0.741	0.725	0.716	0.708
FlowNetS+ft	单目标	0.612	0.751	0.749	0.734	0.733	0.714
	多目标	0.683	0.742	0.747	0.729	0.736	0.692

续表

算法	扩充方式	EPE（生成数据集）		DAVIS 2016 训练集		DAVIS 2016 测试集	
		单目标	多目标	J_{mean}	F_{mean}	J_{mean}	F_{mean}
SegFlow	单目标	0.609	0.731	0.756	0.734	0.744	0.722
	多目标	0.618	0.721	0.747	0.735	0.733	0.721

图 4.8 中展示了 FlowNetS 和 SegFlow 两种算法在光流生成数据上的预测结果与真值的对比，同时包含单目标与多目标情况。可以看出，SegFlow 在光流预测中更能聚焦物体（预测图背景噪声少），且预测值更贴近光流真值（EPE 值更小）。

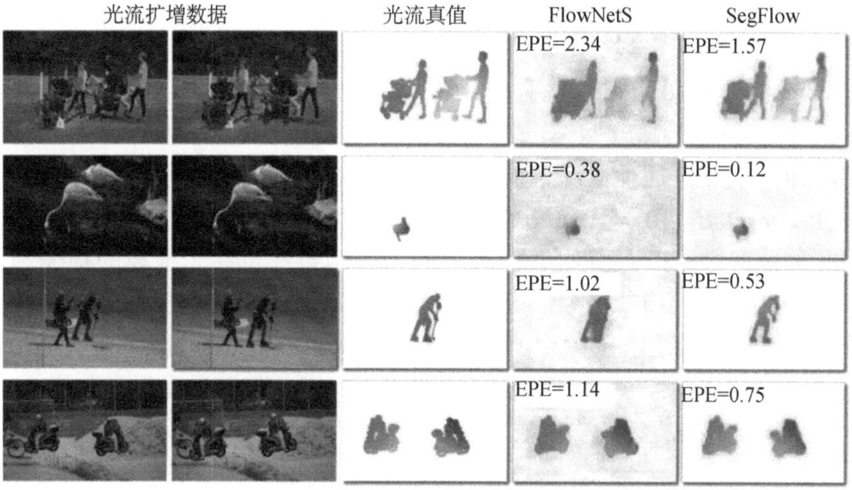

图 4.8　算法的光流预测结果示例（见彩图）

4.4.3　掩模-边缘联合损失函数的参数分析

如式（4.8）所述，网络的损失函数是由掩模损失函数和边缘损失函数两部分共同构成的，二者的权重α、β为可调参数。此外，由于边缘预测值和真值完全吻合的要求太严格，本章对边缘使用了一个膨胀操作，该膨胀算子的半径为r。本节中测试并分析了这三个可调参数对于整体效果的影响。

1. 膨胀算子半径r的影响

由于膨胀算子的半径多为小数，所以采用直径$2r$来衡量。在测试膨胀算子大小影响的时候，损失函数的权重α、β值都固定为 1。图 4.9（a）中展示了算法综合效果G_{mean}随算子直径的变化图。从图中可以看出，过小（<5）和过大（>21）的算子直径都会损害网络性能，而位于中间值的算子直径则具有近似的效果：G_{mean}在0.71左右。这是因为过小的算子要求算法预测出的边界严格吻合真值，约束过于严格；而过大的算子对边界预测值的约束过轻，边界预测不准的时候也会因为膨胀系数而符合真值，无法进行正确的训练引导。基于这些观察，本章最终采用的膨胀算子半径$r = 3.5$。

2. 损失函数权重组合α、β的影响

本节在线下训练中测试了损失函数权重组合α、β的影响，其中，α代表掩模监督信息，β对应边缘监督信息。图4.9（b）中展示了这个实验的效果变化趋势。图中x轴和y轴分别代表β/α的比例和最终的评测结果指标，而自下而上的圆圈虚线、十字点实线、圆圈实线和星号实线分别代表不同的α值，起始点$\beta = 0$可以看作只使用掩模计算损失函数的情况。在这种设置下，改变α等同于修改网络的学习率 lr，如$\alpha = 0.1 \Rightarrow \mathrm{lr} = 0.1$。本节测试了$\alpha = 0.1$、1、10、100几种情况下的效果。从图中结果可以看出，最终选择的参数组合（$\alpha = 1, \beta = 10$）具有最高的准确率，而且这个α下的星号实线的结果也在其他曲线之上。最优组合中边界的损失函数权重高于掩模的损失函数，本章认为这是由于边缘像素占比较小，计算得到的损失函数值也比较小，所以需要较大加权来强调。图中所有曲线均展现出使用边缘模块的网络训练结果要优于不使用边缘模块。经过实验测试和观察，选定最优的参数组合进行线下和线上的网络训练。

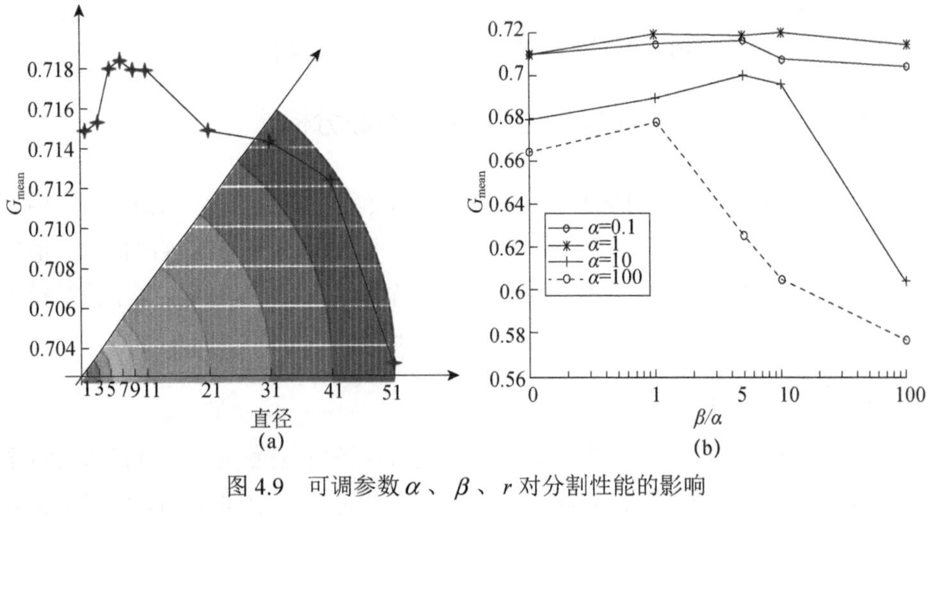

(a)　　(b)

图4.9　可调参数α、β、r对分割性能的影响

4.4.4 掩模–边缘联合损失函数的有效性验证

本节对比视频物体分割算法中预训练、在线训练和损失函数的影响。表 4.4 中展示了依次从训练好的网络中移除以上三部分后，算法在 DAVIS 2016 数据集上视频物体分割性能的变化。

表 4.4　算法各部分对性能的影响

边缘监督	线上训练	预训练	J_{mean}	J_{recall}	J_{decay}	F_{mean}	F_{recall}	F_{decay}
√	√	√	0.844	0.959	0.112	0.869	0.972	0.113
	√	√	0.827	0.957	0.122	0.861	0.972	0.134
√		√	0.712	0.839	0.023	0.727	0.854	0.027
		√	0.711	0.833	0.035	0.708	0.818	0.023
			0.639	0.691	0.006	0.657	0.752	−0.012

从表 4.4 中数据可以看出，预训练步骤的初始化参数在模型中起到了很大作用，没有在图像数据集上初始化训练的模型（表 4.4 倒数第一行）在区域相似度 J_{mean} 和边界准确率 F_{mean} 上分别下降了 7.2 个百分点和 5.1 个百分点。这证实了初始化引导学习的重要性：在大规模图像数据集上学习得到的初始化参数能够提供很强的图像描述先验，且这个先验对整体指标具有重要贡献。本节分析认为这样大的指标增益有一部分原因是视频物体分割数据集不够大，图像数量远不如百万量级的图像分类数据集，所以在图像分类数据集上学习到的通用描述会为视频物体分割任务的网络提供一个很好的初始点。

另外一个性能的阶跃是线上训练步骤，这一步骤中，J_{mean} 和 F_{mean} 分别提升了 13.2 个百分点和 14.2 个百分点。这是由于线下通用前景分割模型并不了解目标物体的特点，只会把所有前景一体分割出来。而只有进行了线上训练，让模型根据专门的目标进行微调，才能够真正锁定任务目标，达成针对特定目标的分割。

边缘模块的效果分别在线下训练和在线训练中得到了验证。表 4.4 中的数值结果对比显示，边缘模块在无线上训练的步骤时可提升 1.9 个百分点的边界准确率；在有线上训练时可提升 0.8 个百分点的边界准确率。图 4.10 中展示了一些视觉化的效果，进一步展现了本章模型可以在极小的代价下提升边缘细节的精准度。

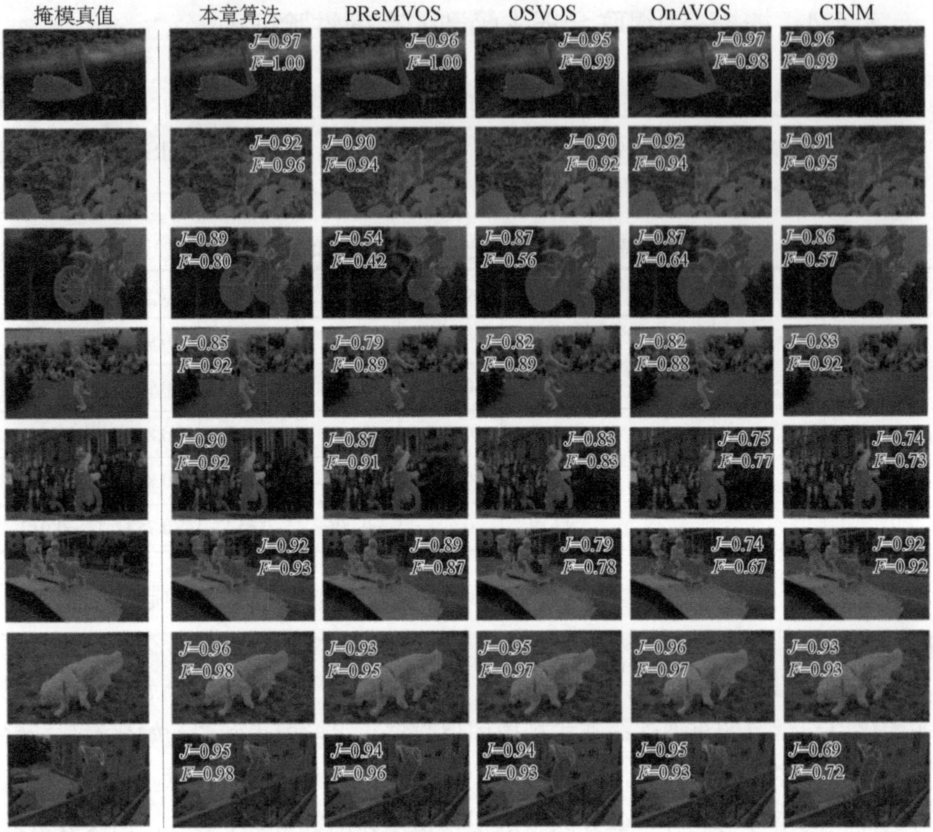

图 4.10　算法分割掩模对比（见彩图）

4.4.5　联合学习网络的性能分析

在 DAVIS 2016 数据集和 Youtube-Objects 数据集上的无监督视频物体分割任务中，对比各类高性能视频物体分割算法与本章基于边缘联合损失函数训练出的分割算法的性能。

表 4.5 中对比了先进算法 ARP[46]、LVO[127]、FSEG[55]、SFL[108]、拓展分层模型（extending layered models，ELM）[155]和本章算法在 DAVIS 2016 数据集无监督视频物体分割任务上的掩模和边缘评价指标。可以看出，在使用了本章提出的掩模-边缘联合学习的损失函数后，一个简单的基础分割网络结构便可达到与先进算法相近的分割性能。除本章算法外，各类针对掩模质量训练的算法均表现出掩模整体质量高于边缘精度的特性（$J_{mean} > F_{mean}$）；而本章算法不仅具有数据集上最高的边界准确度 F_{mean}，且边界准确度 F_{mean} 指标高于掩模精准度

J_{mean}。这些都体现了联合学习的优越性，以及在视频物体分割中训练损失函数的重要作用。

表 4.5　DAVIS 2016 数据集上无监督视频物体分割算法对比

指标	本章算法	ARP	LVO	FSEG	SFL	ELM
J_{mean}	0.712	0.762	0.759	0.707	0.674	0.618
J_{recall}	0.839	0.911	0.891	0.835	0.814	0.672
J_{decay}	0.023	0.070	0.000	0.015	0.062	0.098
F_{mean}	0.727	0.706	0.721	0.653	0.667	0.612
F_{recall}	0.854	0.835	0.834	0.738	0.771	0.654
F_{decay}	0.027	0.079	0.013	0.018	0.051	0.088

为了验证本章损失函数的普适性和鲁棒性，在 Youtube-Objects 数据集上在线训练算法的通用模型并评测其具体分割结果。表 4.6 中展示了本章算法与先进分割方法 OSVOS-S[130]、OnAVOS[107]、MSK[63]、OFL[85]在 Youtube-Objects 数据集各类型视频上的分割结果 J_{mean} 以及所有视频类别的平均性能。本章算法的预测掩模在这一数据集上具有最高的性能。更细节的观测可以发现，算法在非刚体类别（如鸟、牛、狗等）上的表现尤其优异。

图 4.10 给出了本章算法与领域先进的视频物体分割算法预测掩模的视觉效果对比，为了更方便地展示掩模和边界的效果，每张图的掩模和边界评分（J、F 评测值）标注在结果图上。图中清楚地展示出基于掩模-边缘联合损失函数训练网络的优点：网络同时拟合了完整的物体掩模和贴切的物体边缘，如黑天鹅的尾部、滑板车的椅背等。

表 4.6　Youtube-Objects 数据集上无监督视频物体分割算法对比

视频类别	本章算法	OSVOS-S	OnAVOS	MSK	OFL
飞机	0.899	0.904	0.877	0.860	0.899
鸟	0.892	0.870	0.857	0.856	0.842
船	0.834	0.836	0.785	0.788	0.740
车	0.850	0.879	0.861	0.788	0.809
猫	0.794	0.807	0.805	0.701	0.683
牛	0.825	0.793	0.779	0.777	0.798
狗	0.830	0.825	0.808	0.792	0.766
马	0.772	0.739	0.721	0.717	0.726

续表

视频类别	本章算法	OSVOS-S	OnAVOS	MSK	OFL
摩托	0.800	0.793	0.720	0.656	0.737
火车	0.853	0.871	0.840	0.835	0.763
平均结果（J_{mean}）	0.835	0.832	0.805	0.777	0.776

此外，本节还测试掩模-边缘联合学习的时间成本。对于线下训练的通用模型，整个训练过程需要在四块 TitanX GPU 上并行训练 10 小时。线上训练过程需要几分钟来进行模型微调，将训练时间平均到视频帧处理时间中，处理时间约 10s/帧。在这些运行时间中，本章提出的边缘模块仅占用 0.08s 的运行时间，在几乎没有添加时间代价的情况下提升了模型效果。

4.5 本 章 小 结

基于深度学习的视频物体分割算法占当前高性能视频物体分割算法的主流。对于学习类算法而言，训练过程决定了模型的学习目标和优化方向。其中，训练数据和训练损失函数是不可或缺的组成模块，对最终模型性能具有极大影响。本章介绍了视频物体分割中的数据扩充技术以及训练损失函数，提出了一种光流数据扩充方法，以及一种针对边缘细节的掩模-边缘联合损失函数，通过实际案例和实验对比，证实了数据扩充技术和损失函数设计在视频物体分割任务中的重要地位，为视频物体分割算法的训练步骤提供了理论基础和技术指导。

第 5 章 视频物体分割算法的掩模优化

5.1 引　　言

为了进一步提升分割精度，研究者通常会在视频物体分割算法输出结果的基础上进行掩模优化，通过与图像边缘的对比、CRF 约束、多阶段细粒度特征融合等手段获取更高质量的掩模预测。如图 5.1 所示，左侧的粗糙分割结果经过掩模优化后，得到更精准、贴切的右侧掩模结果。

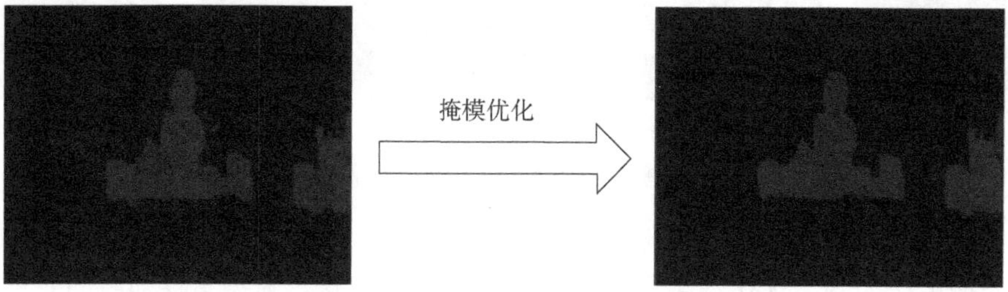

图 5.1　视频物体分割结果的掩模优化（见彩图）

掩模优化技术作为一种常用的分割后处理技术，可以有效提升分割算法的掩模精度，给出更贴合物体边缘的细致分割结果。在视频物体分割中，还能够通过掩模优化技术实现对实例分割类别的校正（例如，图 5.1 中，通过掩模优化，橘色标注的行人掩模中原本的紫色噪声被去除）。

本章介绍部分常见的掩模优化方法，分析不同方法的适用场景和使用效果；并给出传统 CRF 掩模优化和基于深度学习的空间传播网络掩模优化技术的详细流程和实验测评，具体展示视频物体分割中掩模优化的有效性。

5.2 掩模优化技术概述

传统分割算法通常使用 CRF[156]作为后处理技术对分割掩模进行优化。CRF 算法构建能量函数描述像素与像素之间的关系，在能量函数寻优过程中，使用像素值等距离定义促使相似像素分配相同分割标签、差异较大的像素分配不同标签，令分割掩模尽量贴合边界。图 5.2 展现出了使用 CRF 迭代优化后的输出效果图[30]，可以看出，随着迭代轮数的增加，分割掩模从初始的粗糙分割变得越来越贴合实际物体的边缘，掩模精度得到了极大的提升。尽管 CRF 掩模优化技术具有很强的通用性和极佳的掩模性能提升效果，但是由于算法涉及多种经验参数，需要通过网格搜索扫描出最佳数值，且获取最优掩模往往需要数轮优化，因此不适用于对实时性需求较强的算法。

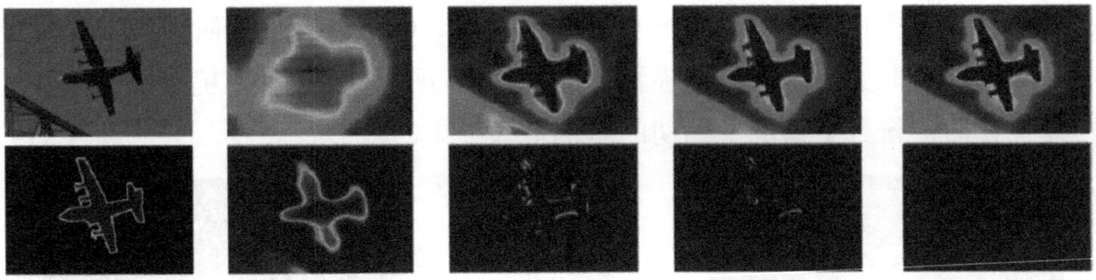

掩模真值　网络预测结果　CRF优化1轮后　CRF优化2轮后　CRF优化10轮后

图 5.2　CRF 掩模优化技术的应用效果示例[30]（见彩图）

深度学习类算法在掩模优化方面也多有研究，其中最直观的方式为将细致化的掩模作为网络优化结果进行结构设计和训练优化，典型算法包括直接优化和导引优化。直接优化是指算法直接以粗糙掩模和图像等无差别作为输入，通过深度网络前向传播实现优化，例如，CINM 算法[143]为每个视频训练一个 CNN 优化网络，网络输入为视频帧图像和预测掩模，输出则为细致化后的预测掩模，算法在时域聚合模块与空间域的 CNN 优化网络间交互迭代，逐步优化目标掩模；导引优化则是将高分辨率图像等作为导引特征，指导网络实现优化，例如通过网络预测偏移向量、通过偏移向量将分割网络预测结果引导至正确的像素类别。本章 5.4 节中给出的基于空间传播网络的掩模优化也属于一种导引网络。

另一类常见的优化方法则从图像边缘入手，此类算法认为高质量的分割掩模依赖于精准的边缘切分，因此，通过各种方式对齐预测掩模与图像边缘以优化分割结果。例如，边缘保持型掩模网络（boundary-preserving mask R-

CNN，BMask RCNN）[157]和门控形状卷积神经网络（gated shape CNN，Gated-SCNN）[158]等算法通过引入专门设计的边缘处理模块来增强网络特征对边缘的认知（本书第 4 章所提算法使用的也是类似思路）；多边形变形网络（polygon transformer，PolyTransform）[159]和 SegFix[160]等算法则通过预测掩模边缘的位移等信息实现精细化的掩模预测，如图 5.3 所示，PolyTransform 算法提取原始掩模边缘作为初始位置，通过变形网络进行边缘点的位移预测，为每个顶点寻找更优的分布位置，使其更切合图像中的物体局部几何轮廓，实现了对原始掩模性能的显著提升；PointRend 算法[161]将渲染的思路引入掩模优化中，通过点位置的自适应细分迭代进行掩模优化，如图 5.4 所示，算法自适应选取黑色点集并使用多层感知机（multi-layer perception，MLP）对每一个点位的特征进行独立预测，利用 MLP 从原始预测掩模和特征图中挖掘更细粒度的描述，算法重复迭代此过程直至获取预期性能的精细化分割掩模。

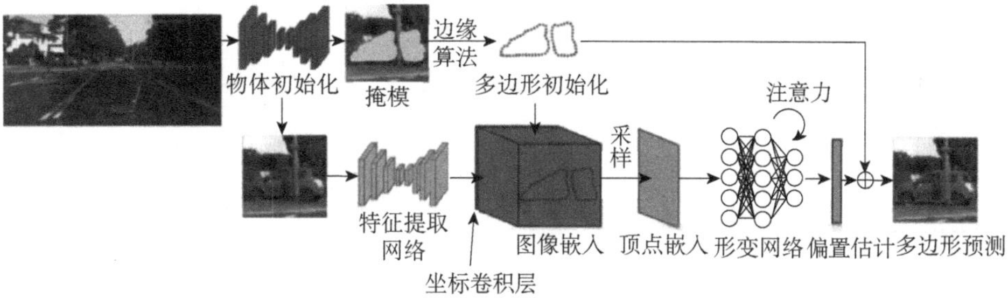

图 5.3 PolyTransform 算法掩模优化流程图[159]

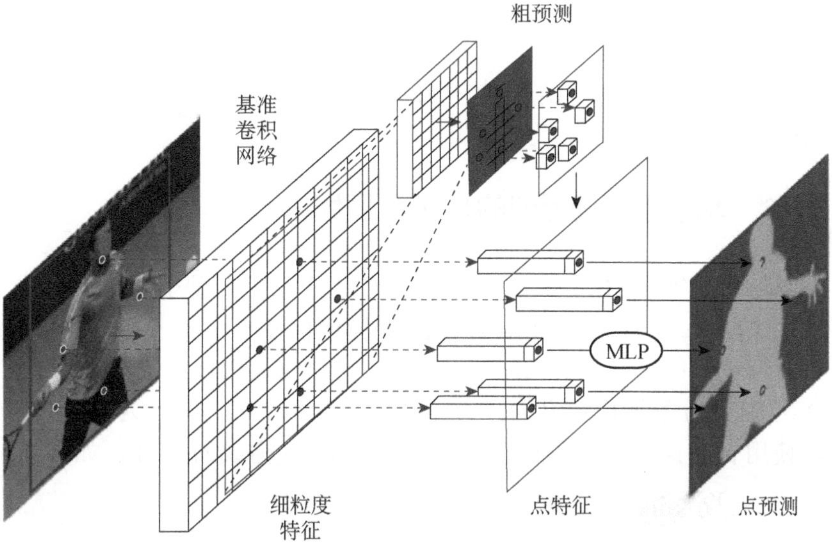

图 5.4 PointRend 算法中的掩模优化技术示意图[161]

除针对掩模优化的设计外，深度网络也可以通过像素级别的特征融合等设计全面细致的融合图像特征，充分挖掘神经网络的学习和描述能力，将多尺度特征逐级融合[162-164]，一次性实现精细化的掩模预测。如经典的 DeepLab 系列分割算法[30-32]，在 DeepLab V1[30]和 DeepLab V2[31]的算法框架中，为了弥补深度卷积网络深层特征位置信息损失严重造成的掩模边缘模糊问题，引入了 CRF 掩模优化技术作为后处理模块实现性能提升；而 DeepLab V3[32]算法通过改进的空洞卷积和空洞空间金字塔池化（atrous spatial pyramid pooling，ASPP）模块获取到了更丰富的上下文信息，融合图像级特征与像素级位置信息以应对分辨率下降问题，最终在无须 CRF 的情况下达到了相似精度（图 5.5）。

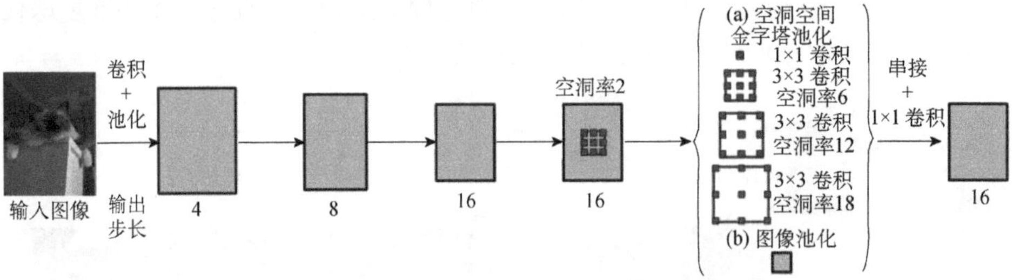

图 5.5　DeepLab V3 分割网络与 ASPP 模块[32]

5.3　条件随机场掩模优化技术

本节介绍 CRF 掩模优化技术的基础原理和实现方式，以两种经典的 CRF 掩模优化技术为例展开介绍。

5.3.1　基于平均场近似的CRF掩模优化

Krähenbühl 等于 2011 年发表的文章[156]中介绍了一种全连接 CRF 优化，是一种非深度学习的、经典通用的 CRF 掩模优化技术。将一幅包含 N 个像素的图像的像素颜色定义为 $I=\{I_k \mid k=1,2,\cdots,N\}$，像素坐标位置定义为 $p=\{p_k \mid k=1,2,\cdots,N\}$，分割掩模定义为 $X=\{X_k \mid k=1,2,\cdots,N\}$，即 X_k 为像素 I_k 的估计类别。使用吉布斯分布[165]描述像素和掩模 (I,X) 构成的 CRF，如式（5.1）所示。

$$P(X \mid I)=\frac{1}{Z(I)}\exp\left(-\sum_{c\in C_G}\varphi_c(X_c \mid I)\right) \tag{5.1}$$

求解 CRF 的最大后验概率分布可以得到精细化后的掩模 $x^*=\arg\max_x P(x \mid I)$。式（5.1）中，$Z(I)$是归一化项；$C_G$为像素 c 及其邻域构成的图；φ_c为其可能分布[166]，此 CRF 的概率分布可以简写为式（5.2）：

$$P(X \mid I)=\frac{1}{Z(I)}\exp\left(-E(X,I)\right) \tag{5.2}$$

其中，E为能量函数。在两两全连接的情况下，能量函数可表示为

$$E(x \mid I)=\sum_i \psi_u(x_i \mid I)+\sum_{i<j}\psi_p(x_i,x_j \mid I) \tag{5.3}$$

$$Z(I)=\sum_x \exp\left(-E(X,I)\right) \tag{5.4}$$

其中，$i=1,2,\cdots,N, j=1,2,\cdots,N$ 代表图像像素索引；ψ_u为一元势函数，由初始分类器给出，可能包含噪声、粗糙分割和类别混淆等问题（如图 5.2 中的网络预测结果所示）；ψ_p为二元势函数，描述节点 i 与所有和 i 相连的节点关系势能之和，详细展开为式（5.5）：

$$\psi_p(x_i,x_j \mid I)=\mu\left(x_i,x_j\right)k\left(f_i,f_j\right) \tag{5.5}$$

其中，$\mu\left(x_i,x_j\right)$为指示函数，当像素 i 和像素 j 的标签不同时为 1，相同时为 0，使只有标签不同的情况下才能进行能量传导；f_i为像素点 i 的某种特征描述符；而$k\left(f_i,f_j\right)$描述像素之间特征相似性和标签平滑性。

$$k\left(f_i,f_j\right)=w^{(1)}\exp\left(-\frac{\left|p_i-p_j\right|^2}{2\theta_\alpha^2}--\frac{\left|I_i-I_j\right|^2}{2\theta_\beta^2}\right)+w^{(2)}\exp\left(-\frac{\left|p_i-p_j\right|^2}{2\theta_\gamma^2}\right) \tag{5.6}$$

如式（5.6）所示，$k\left(f_i,f_j\right)$的第一部分计算像素 i 和像素 j 两个像素之间的位置和颜色值的相似性，在优化过程中可以起到精细化掩模的作用；第二部分则通过位置计算标签的平滑度，在优化过程中可以起到移除小块噪点的作用。w 和 θ 为可学习的参数，负责控制各部分的最佳组合方式。

对于具有 N 个像素的图像，其全连接边的数量为 N^2 个，直接按照上述公式进行计算，则二元势函数每个节点均需要计算 N^2 次。为了避免如此大量的计算消耗，文献[156]中提出使用平均场近似方法实现高效分布估计。

平均场近似方法使用 $Q(X \mid I)$ 函数来近似 $P(X \mid I)$ 函数，Q 函数需要满足

$Q(X)=\prod_i Q_i(X_i)$ [167]，通过最小化 KL 散度 $D(Q\parallel P)=\sum_x Q(x)\ln\left(\frac{Q(x)}{P(x)}\right)$ 来获取 Q 函数，由于边际概率和为 1，因此 Q 函数满足 $\sum_{x_i} Q(x_i)=1$。根据拉格朗日乘数法构建拉式函数并进行求导推理[156]可得 Q 函数的迭代公式，如式（5.7）所示。

$$Q_i(x_i=l)=\frac{1}{Z_i}\exp\left\{-\psi_u(x_i)-\sum_{l^i\in\mathcal{L}}\mu(l,l^i)\sum_{m=1}^{L}w^{(m)}\sum_{j\neq i}k^{(m)}(f_i,f_j)Q_j(l^i)\right\} \quad (5.7)$$

其中，$\mathcal{L}=\{1,2,\cdots,L\}$ 为像素语义类别，Q 函数的迭代步骤展示如下。

初始化 Q：归一化粗糙掩模预测结果。

步骤 1（信息传递）：对所有类别 m，计算 $\tilde{Q}_i(l)=\sum_{j\neq i}k^{(m)}(f_i,f_j)Q_j(l)$。

步骤 2（兼容性转换）：$\tilde{Q}_i(x_i)=\sum_{l^i\in\mathcal{L}}\mu(l,l^i)\sum_{m=1}^{L}w^{(m)}\tilde{Q}_i(l)$。

步骤 3（Q 函数更新）：$Q_i(x_i)=\exp\{-\psi_u(x_i)-\tilde{Q}_i(x_i)\}$。

步骤 4（Q 函数归一化）：$Q_i(x_i)=\frac{1}{Z_i}Q_i(x_i)$。

重复步骤 1～4 直至迭代收敛。通过多轮迭代，可实现分割掩模的逐步优化，其效果如图 5.2 所示。

在实际求解中，通常选择通过传统的网格搜索超参数优化方式实现对 w 和 k 函数中的 θ 等超参数的最优值检索。

5.3.2 基于神经网络的CRF掩模优化

根据 5.3.1 节中的推理，CRF 掩模优化可以通过式（5.7）实现迭代推理优化，而式（5.7）又可以进一步拆分为加法、乘法的组合；基于此，文献[168]中使用高效的 CNN 层搭建深度网络可用的 CRF 层，通过图形处理器（graphics processing unit，GPU）上的高效卷积实现了对 CRF 的加速。为了实现这一点，文献[168]首先提出了一个条件独立性的强假设，即假设式（5.3）、式（5.5）～式（5.7）中提及的像素 i、j 的曼哈顿距离 $d(i,j)$ 大于 k，则认为像素 i、j 的标签分布是条件独立的。在这一局部性假设下，可以通过把卷积层滤波器尺寸设置为 k 来降低式（5.3）中二元势函数 ψ_p 的计算复杂度。

根据 5.3.1 节中的随机场近似方法中 Q 函数的迭代步骤可知，其归一化步骤使用网络的 SoftMax 模拟，兼容性转换步骤使用卷积核大小为 1*1 的卷积层模拟，一元势函数 ψ_u 直接使用分割网络输出结果，仅有信息传递步骤无法直接使用传统网络结构实现。

文献[168]基于局部性假设，对信息传递步骤进行了网络模拟。假设层的输入为 P，其尺寸为 $[b,c,h,w]$，分别对应批大小、通道数、高度、宽度四个神经网络特征图尺寸。定义 d 个向量（$f_1,f_2,\cdots,f_d$）的高斯卷积核（尺寸为 $[b,h,w]$），其核函数为

$$k_g[b,\mathrm{d}x,\mathrm{d}y,x,y]=\exp\left(-\sum_{i=1}^{d}\frac{|f_i^{(d)}[b,x,y]-f_i^{(d)}[b,x-\mathrm{d}x,y-\mathrm{d}y]|^2}{2\theta_i^2}\right) \quad (5.8)$$

其中，(x,y) 为中心点像素位置，$(\mathrm{d}x,\mathrm{d}y)$ 为像素距离中心点像素的位置偏移，θ_i 为可学习参数。定义 L 个高斯核 $g_1,g_2,\cdots,g_L$（对应 L 类分割掩模类别），将其输出加和对应 Q 函数的信息传递过程，则有

$$Q[b,c,x,y]=\sum_{\mathrm{d}x,\mathrm{d}y<k}\sum_{i=1}^{L}w_i\cdot k_{g_i}[b,\mathrm{d}x,\mathrm{d}y,x,y]\cdot P[b,c,x+\mathrm{d}x,y+\mathrm{d}y] \quad (5.9)$$

对应地，CNN 实现的 CRF 迭代方式如下。

初始化 Q：归一化 CNN 的掩模预测结果（SoftMax）。

步骤 1（信息传递）：$\tilde{Q}_i(l)=\sum_{j\neq i}w^{(m)}k_G{}^{(m)}(f_i,f_j)Q_i(l)$。

步骤 2（兼容性转换）：$\tilde{Q}_i(x_i)=\sum_{l'\in\mathcal{L}}\mu(x_i,l')\tilde{Q}_i(l)$。

步骤 3（添加一元势函数）：$\tilde{Q}_i(x_i)=\psi_u(x_i)+\tilde{Q}_i(x_i)$。

步骤 4（Q 函数归一化）：$\tilde{Q}_i(x_i)=\mathrm{SoftMax}\left[\tilde{Q}_i(x_i)\right]$。

其中，信息传递步骤对应式（5.9），通过高斯核函数近似搭建；其余步骤可直接对应 SoftMax、卷积等网络层操作。将步骤 1～4 串接搭建成 CNN 可兼容的 CRF 结构，则可利用 GPU 的高速推理特性实现快速掩模优化。

文献[168]采用类似方式，将 CRF 搭建为循环神经网络（recurrent neural network，RNN）结构，RNN 的循环特性模拟迭代使原本作为独立后处理模块的掩模优化步骤可加入网络训练，实现端到端的优化。

图 5.6 中给出了 CNN 和 RNN 分别实现 CRF 优化对网络直接预测结果（粗糙掩模）的优化效果，可以看出，添加 CRF 后，分割掩模很好地收缩并贴合至目标边缘，以深度网络的高速预测速度达到了传统迭代 CRF 的优化效果（传统 CRF 效果见图 5.2）。比较 CNN[168]与 RNN[145]实现的 CRF，由于 RNN-CRF 可以将掩模优化引入训练过程，利用损失函数实现端到端的参数优化，因此其输出效果更加精细（如第一行的自行车车轮）。

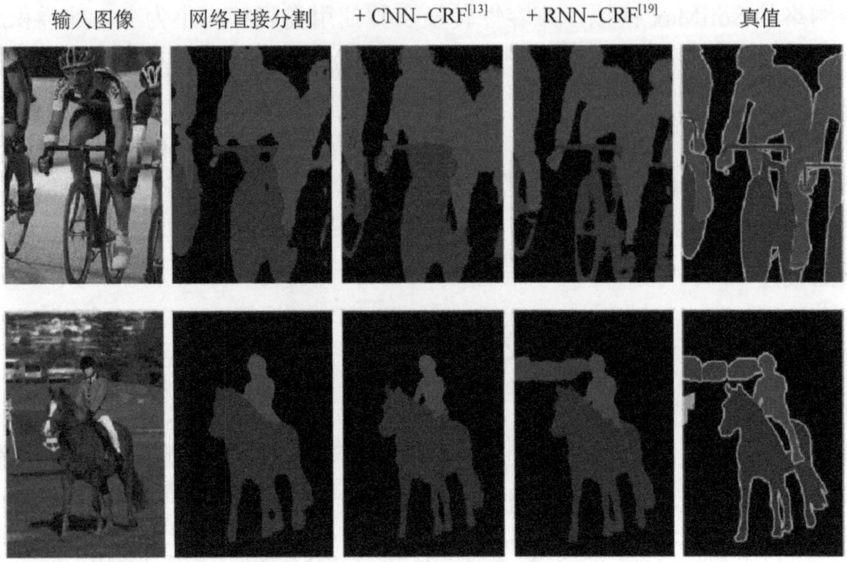

图 5.6　深度网络 CRF 优化效果示例图[145]

5.4　基于空间传播网络的掩模优化

本节介绍一种基于深度学习的快速高效掩模优化方法：使用 SPN 优化物体掩模，使视频物体分割的性能以尽量少的时间代价得到大幅度提升。

SPN 网络旨在使用 CNN 来训练一个空间约束网络，优化粗糙分割结果；网络以原图作为导引，输入原图并学习得到掩模传播的置信度，并从四个方向上计算置信度与优化后分割结果。

相较于需要独立后处理的掩模优化，SPN 网络可以通过一次前向传播直接实现对掩模的精细化分割，具有传播速度快、效果好等优点。其具体结构如图 5.7 所示。

SPN 包含一个独特空间传播模型，模型通过学习得出二维分割掩模上的传播图，然后按照传播图的参数和路径对粗糙掩模进行优化。

用 $\boldsymbol{H} \in \mathbb{R}^{m \times n}$ 表示一个隐藏的传播图，层添加在 $m \times n$ 大小的特征上，用 x_{ij} 和 h_{ij} 表示位于 (i,j) 像素位置的传播前特征与传播后特征。用 $\left\{p_{ij}^{K}\right\}_{K \in N(i,j)}$ 代表 (i,j) 位置的一组权重，其中 K 是参与 (i,j) 位置特征传播的近邻像素，所有参与 (i,j) 位置特征传播的近邻像素组合表示为 $N(i,j)$。则二维线性方向（由左到右）传播公式可以表示为

$$h_{ij}=\left(1-\sum_{K\in\mathbb{N}(i,j)}p_{ij}^{K}\right)x_{ij}+\sum_{K\in\mathbb{N}(i,j)}p_{ij}^{K}h_{K} \tag{5.10}$$

其中，h_K 是像素 K 的传播后特征值（在传播过程中，像素 K 位置的特征 x_K 首先更新获得 h_K，然后再传播给 (i,j) 位置进行更新）。

如图 5.7 所示，在由左到右的传播中，像素点 $N(i,j)$ 的计算值包含来自左方三个近邻的信息：$(i-1,j-1)$、$(i-1,j)$、$(i-1,j+1)$。每个 p_{ij}^{K} 表示两个像素间的权重。

每个方向的传播让某个像素能够获取该方向三角区域的像素的信息，而综合四个传播方向则能使每个像素点获取全图信息。由左到右方向的传播公式如式（5.11）所示：

$$\boldsymbol{H}_{i}=\left(1-\boldsymbol{P}_{i-1,i}\right)\boldsymbol{X}_{i}+\boldsymbol{P}_{i-1,i}\boldsymbol{H}_{i-1} \tag{5.11}$$

其中，$\boldsymbol{H}_i$ 和 $\boldsymbol{X}_i$ 是第 i 列隐藏层特征；$\boldsymbol{P}_{i-1,i}\in\mathbb{R}^{n\times n}$ 是一个线性变换矩阵，将第 $i-1$ 列的信息传播到第 i 列。与三近邻对照，$\boldsymbol{P}_{i-1,i}\in\mathbb{R}^{n\times n}$ 是个三角形的变换矩阵，具有很强的稳定性。在反向传播过程中，$\sigma_{i+1,i}$ 关于 $\boldsymbol{P}_{i+1,i}$ 的导数可表示为

$$\sigma_{i+1,i}=\theta_{i}\cdot\left(H_{i+1}-X_{i}\right) \tag{5.12}$$

其中，θ_i 是 $\boldsymbol{H}_i$ 传回的损失值。

当使用导向 CNN 来计算所有的 $\boldsymbol{P}_{i-1,i}$ 时，SPN 可以端到端进行训练。其具体实现主要包含如下两个部分。

①一个基于 CNN 的参数预测网络，用来预测四个方向的权重矩阵，又称为导引网络。

②一个线性传播模型，用来从粗糙掩模计算优化后的掩模。

使用视觉几何组 16 层卷积神经网络（visual geometry group 16-layer CNN，VGG16）模型[29]来作为基础网络和初始化参数，通过在相同大小的特征图之间添加连接支路，来增加特征的表述能力。

网络的训练数据中需要 RGB 图像、图像标注以及图像对应的粗糙预测掩模。为了提升网络的通用性，在 PASCAL VOC 2012 数据集[169]上训练网络，粗糙掩模使用 FCN[29]直接预测得到。随机裁剪图像为 256×256 像素大小的正方形图像片，并使用二值化的图像标注进行训练。

在测试阶段，导引网络的输入为视频帧图像，网络输出四个方向的传播系数，也就是 3×4 个非零参数；线性传播网络的输入为粗糙分割掩模结果，使用导引网络的输出参数分别计算四个方向上的优化结果，然后加和得到掩模优化的结果。如图 5.8 所示，图 5.8（a）为输入导向网络的视频帧图像，图 5.8（b）为输入线性传播网络的粗糙掩模，经过 SPN 后，粗糙掩模被优化至更贴合物体边缘的精细掩模。网络的具体性能提升验证详见 5.6 节。

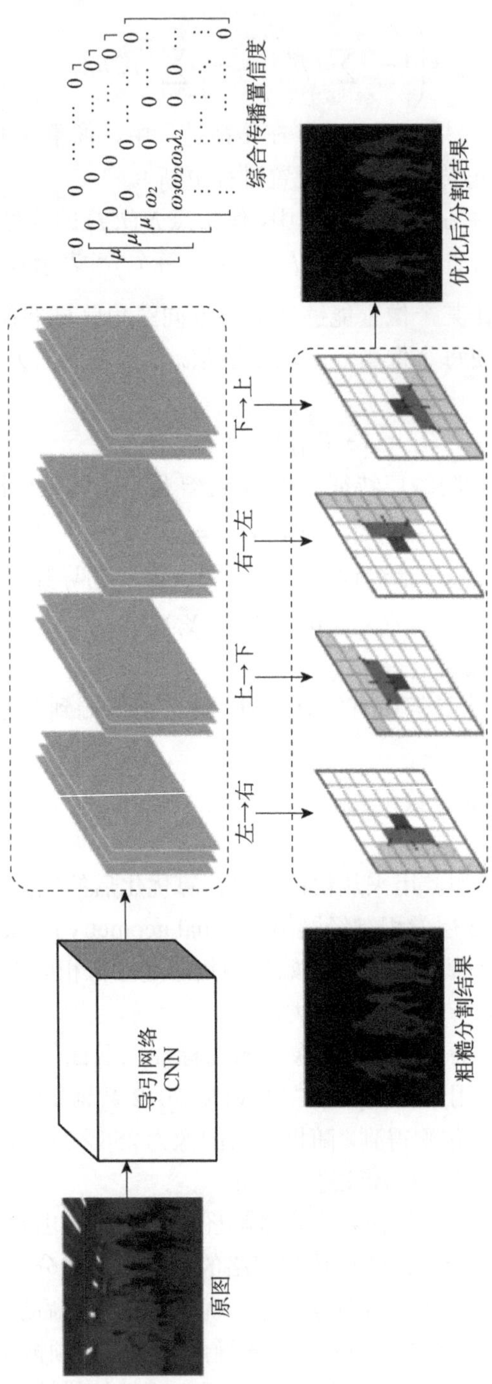

图 5.7　空间传播网络结构图

(a) 输入图像　　(b) 粗糙掩模　　(c) +SPN

图 5.8　SPN 网络的掩模优化效果示例（见彩图）

5.5　基于目标连通域的掩模优化

在多目标视频物体分割中，分割目标大多为非刚体（如人类、动物等）且每个目标都会有自己的形变和运动，导致目标间的遮挡和混淆成为任务中的一大难点。视频帧中多个物体的掩模预测结果可能会出现重叠和认知混乱，如某一像素既被认为属于目标二也被认为属于目标三。这一问题的通常处理方法为使用所有目标中概率最高的那个作为正确结果，如果所有目标的预测概率均小于 0.5，则该点被认为属于背景点，如式（5.13）：

$$
\begin{aligned}
c_{i,j} &= 0, \max\left[P_1;P_2;\cdots;P_N\right] < 0.5 \\
c_{i,j} &= \arg\max\left[P_1;P_2;\cdots;P_N\right], \text{ 其他}
\end{aligned}
\tag{5.13}
$$

其中，$c_{i,j}$ 表示坐标点(i,j)的预测类别；$\left[P_1;P_2;\cdots;P_N\right]$代表目标 1～$N$ 的预测概率图。这种处理方式简单高效，但会导致不同目标之间的像素混淆，如图 5.8 所示，两个跑步的人的真实掩模应该为分离的紫色和橘色，而模型采用式 5.8 后的输出结果却是紫色行人的手臂、头部混淆为橘色，橘色行人的小腿部分则混淆为紫色。

这一问题导致的分割混淆问题无法通过对单一掩模的优化操作（如 5.3 节介绍的 CRF 算法和 5.4 节介绍的 SPN 算法）进行校正。因此，本节提出一种基于连通域的时域平滑后处理算法：连通区域感知滤波器（connected region aware filter，CRAF），该算法考虑了相邻帧之间的预测平滑度，有助于减小相似物体的混淆程度。在 CRAF 算法中，首先获取预测结果中的所有连通域，然后基于相邻帧连通域之间的相互重叠，进行连通域的缩减校正（应对位置相近目标被混淆为同一掩模的情况），最后将相邻帧中面积减小较大的目标掩模使用连通域进行补充（应对时空一致目标掩模内部随机错分现象）。具体操作描述如下。

（1）第一步：对于目标物体 i，提取其预测图中的连通域（$\mathrm{CR}_1,\mathrm{CR}_2,\cdots$），

然后计算连通域集合和前一帧中连通域集合的最大交并比（$J_1, J_2, \cdots$）以及连通域面积（$A_1, A_2, \cdots$）；如果连通域 CR_m 具有最大覆盖值 $J_m = \max(J_1, J_2, \cdots)$ 并且其面积与最大面积的比值 $\frac{A_m}{\max(A_1, A_2, \cdots)} > \alpha$，那么便将 CR_m 设为物体 i 的最佳连通域，用 CRS_i 表示。在 J 值相同的情况下，采用面积占比最大的区域作为 CRS_i。

（2）第二步：使用式（5.14）计算 CRS 中每两个物体的相互覆盖率。

$$\text{Coverage}(i,j) = \frac{CRS_i \cap CRS_j}{|CRS_j|} \tag{5.14}$$

如果 $\text{Coverage}(i,j) > \beta$，则去除 CRS_i 中的 CRS_j，也就是 $CRS_i = CRS_i - CRS_j$。

（3）第三步：对某目标物体 i，如果连通域大小 $CRS_i < \gamma$，那么检测 CRS 中所有连通域。如果其中一个区域的 J 大于 δ，则将此连通域设为 CRS_i 并返回第二步。

在本算法中 α、β、γ、δ 的具体数值采用经验值：0.2、0.9、0.1 和 0.4。图 5.9 中给出了一个同时使用 SPN 优化和 CRAF 优化步骤的分割案例，对应地展示了这两种后处理方式的不同优化对象：SPN 约束掩模边缘，CRAF 校正掩模从属的目标身份。

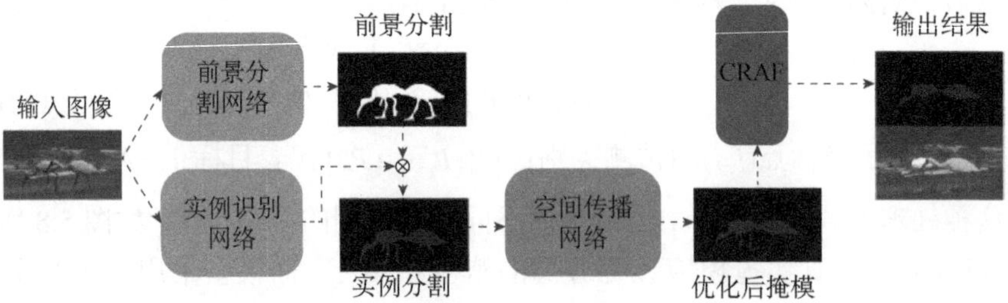

图 5.9　基于连通域的掩模优化（见彩图）

基于连通域的目标掩模优化可以通过引入视频光流实现进一步的效果增强。采用金字塔-形变-代价体积光流网络（CNNs for optical flow using pyramid, warping, and cost volume, PWC-Net）算法[170]的光流预测结果辅助时域平滑操作，可以通过视频中正向和反向的光流对应关系筛除时空不连续的部分，净化分割结果。

引入视频光流增强的掩模优化算法基础思路与 CRAF 类似：根据光流映射结果，计算每两个连通域的时空一致性，对不一致的部分进行分割，留下一致的区域；之后采用从前到后的传播方法筛选时空一致的候选区域，组成最终的掩模结果。图 5.10 中展示了这一过程的效果，具体操作描述如下。

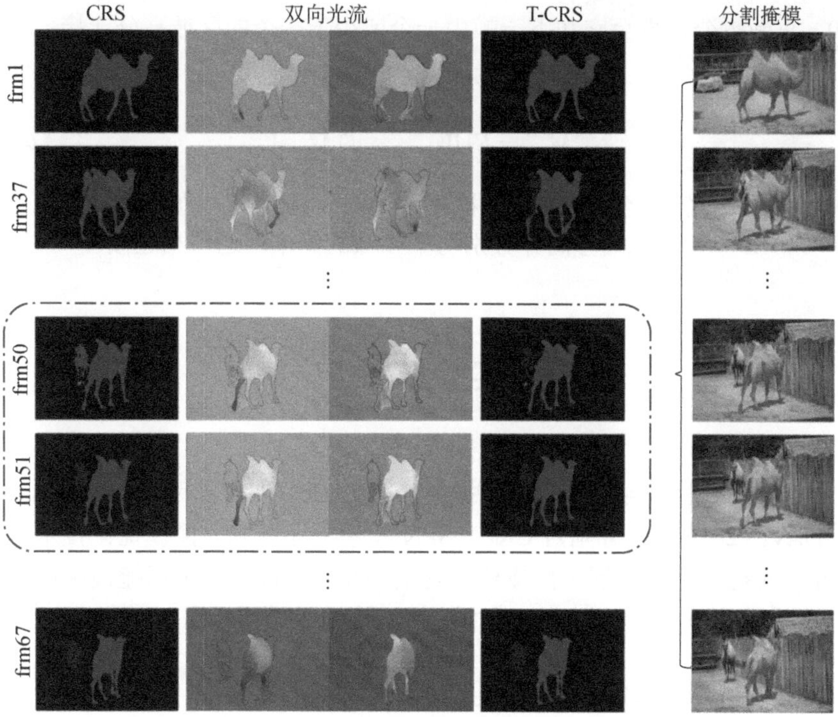

图 5.10　基于连通域和光流的掩模优化（见彩图）

假设 M 和 F 分别代表第 t 帧的二值化掩模预测结果和第 t～t+1 帧的光流预测结果，那么 t+1 帧中来自上一帧的时空连通域映射公式为

$$W_{M,F}\left(\hat{x},\hat{y}\right)=\{M\left(x,y\right)\mid x+u_{x,y}=\hat{x},y+v_{x,y}=\hat{y}\}\tag{5.15}$$

其中，W 代表分割掩模经过光流的映射操作；$\left(u_{x,y},v_{x,y}\right)$ 代表像素点 $\left(x,y\right)$ 的运动光流值。对于第 t 帧掩模中的连通域 c_i 和第 t+1 帧掩模中的连通域 c_j，它们的前向和后向联通评分 $\left(s_{c_i,c_j},s_{c_j,c_i}\right)$ 可表示为

$$s_{c_i,c_j}=\frac{\left|W_{M_{t,c_i},F_t}\cap M_{t+1,c_j}\right|}{\left|M_{t+1,c_j}\right|}\tag{5.16}$$

$$s_{c_j,c_i}=\frac{\left|W_{M_{t+1,c_j},-F_t}\cap M_{t,c_i}\right|}{\left|M_{t,c_i}\right|}\tag{5.17}$$

其中，M_{t,c_i} 表示第 t 帧图像在区域 c_i 的二值化掩模；$|M|$ 代表掩模 M 区域中的前景像素数量。假设第 t 帧中的连通域 c_i 和下一帧中的两个连通域 c_j、c_k 都具有很强的连接评分，那么这个连接是时空不稳定的，需要将 c_i 采用式（5.18）和式

(5.19)重新拆分，直至它和下一帧中一个或少于一个的区域高分连接：

$$M_{t,\hat{c}_i} = E\left(W_{M_{t+1,c_j},-F_t} \cap M_{t,c_i}\right) \tag{5.18}$$

$$M_{t,\check{c}_i} = E\left(W_{M_{t+1,ck},-F_t} \cap M_{t,c_i}\right) \tag{5.19}$$

其中，E 表示一个半径为 3 的膨胀操作。如图 5.10 所示，在这个操作后的连通域 $M_{t,\hat{c}_i}$ 和 $M_{t,\check{c}_i}$ 相互之间分离并分别与下一帧的一个连通域相连接。

5.6 实验结果与分析

本节在单目标视频物体分割数据集 DAVIS 2016[4]和多目标视频物体分割数据集 DAVIS 2017[62]上分别对 CRF、SPN 和基于连通域的掩模优化技术进行实验验证，通过定量对比展示出掩模优化的效果；评价指标采用掩模区域相似度 J、边界准确率 F。数据集和评价指标的相关描述分别见本书 3.4 节和 6.2 节。

5.6.1 CRF 掩模优化效果

以本书第 3 章中的分割网络输出掩模为基础，使用 CRF 算法对掩模进行优化，在 DAVIS 2016 数据集上进行对比分析。如图 5.11 所示，掩模优化步骤使分割出的目标掩模更贴合物体边缘（图 5.11（a）中的天鹅、图 5.11（c）中的汽车），并起到了对掩模缺失部分的寻回补足效果（图 5.11（b）中的赛车），在大多数情况下能够达到提升分割性能的效果；但也会存在弄巧成拙的情况，如图 5.11（d）中将原本能分辨出的自行车框架和背景重新融为了一体。

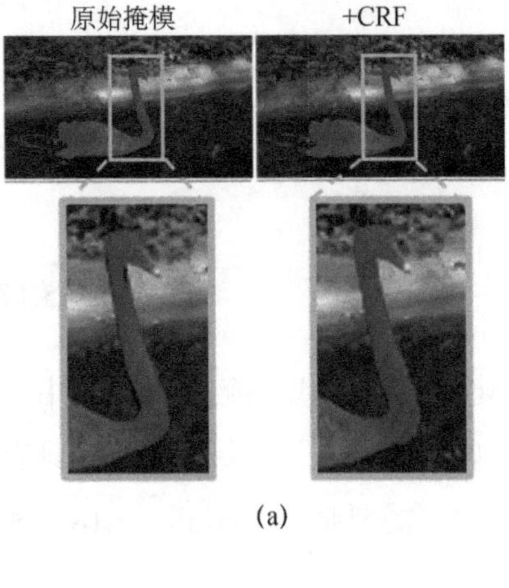

(a)

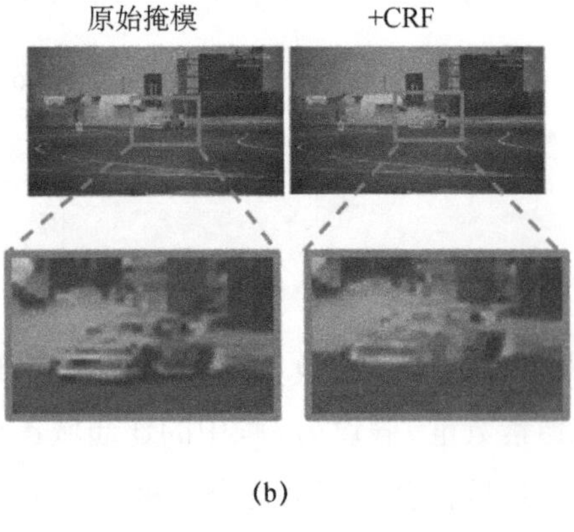

(b)

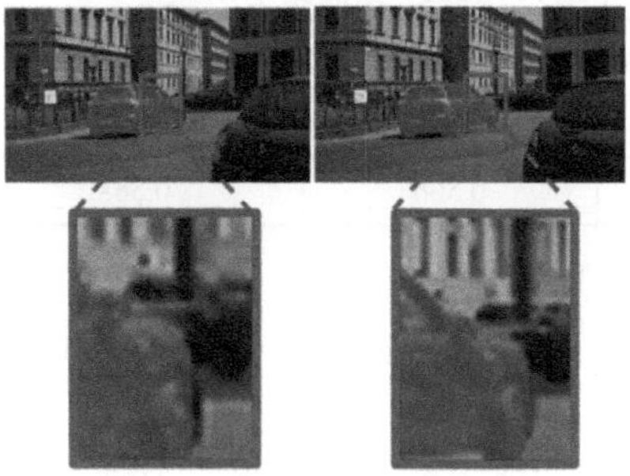

(c)

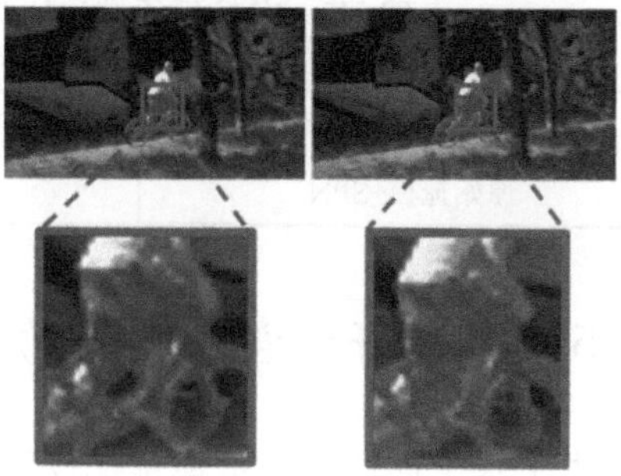

(d)

图 5.11　CRF 掩模分割效果示例（见彩图）

表 5.1 中给出了在 DAVIS 2016 数据集上掩模优化步骤对性能影响的统计结果。其中，掩模区域相似度由 0.779 上升至 0.824，提升了 4.5 个百分点；掩模边界准确率由 0.760 上升至 0.795，提升了 3.5 个百分点。从整体上看，CRF 掩模优化带来了不错的性能提升，但其代价为单帧的计算时间增加了 1.2s，增加的时间长于原始掩模预测时间 0.6s。因此，CRF 掩模优化更适合对分割精度要求高、时间需求不强的情况。

表 5.1　CRF 掩模优化性能对比表（DAVIS 2016 数据集）

算法	耗时/s	J_{mean}	F_{mean}
原始掩模	0.6	0.779	0.760
原始掩模+CRF	1.8	0.824	0.795

5.6.2　SPN 掩模优化效果

在 DAVIS 2017 多目标视频物体分割数据集上，我们以简单卷积网络训练出的掩模为基础，测试 SPN 掩模优化效果，其可视化效果图参见 5.4 节的图 5.8。综合性能对比如表 5.2 所示：SPN 掩模优化在掩模区域相似度和边界准确率这两个指标上分别提升了 4.9 个百分点和 6.4 个百分点。

与 CRF 相比，SPN 更擅长对边缘细节的修复（边缘指标上升高于整体指标），且其速度远远高于通用的 CRF 算法（SPN 处理时间为 0.08s/帧，CRF 为 1.2s/帧）。这是因为 SPN 是针对任务训练得出的高效神经网络，能够利用 GPU 实现高速的前向传播，且由于使用原始图像作为导引计算传播参数，掩模优化时对原始图像信息的了解更深入，因此能够兼具高速性和高效性。

表 5.2　SPN 掩模优化性能对比表（DAVIS2017 数据集）

算法	耗时/s	J_{mean}	F_{mean}
原始掩模	0.3	0.457	0.504
原始掩模+SPN	0.38	0.506	0.568

5.6.3　基于连通域的掩模优化效果

由于基于连通域的掩模优化仅纠正分割出的掩模的类别混淆，不进一步优化掩模整体或边缘性能，因此可以串接在 CRF、SPN 等优化步骤后。如图 5.12 所示，添加连通域优化后，第 1 行中被错分为紫色行人的橘色头和手臂部分、被错分成橘色行人的紫色小腿部分得到了校正；第 2 行、第 3 行样例也实现了类似效果；但所有掩模覆盖区域的边缘贴合度实际并未发生变化。

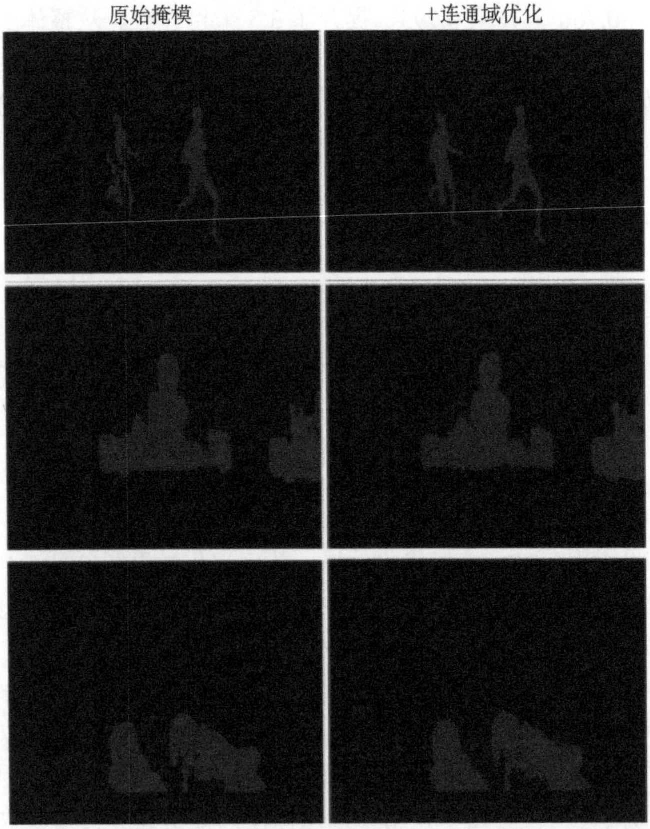

图 5.12　连通域优化效果示例（见彩图）

我们分别在 DAVIS 2016 和 DAVIS 2017 数据集的算法后面串接连通域优化步骤，其性能对比如表 5.3 所示。在单目标数据集中，掩模整体和边缘的性能提升分别为 1.7 个百分点和 1.4 个百分点；在多目标数据集中，掩模整体和边缘的性能提升分别为 3.4 个百分点和 4.3 个百分点。如上文分析，边缘性能的提升是掩模混淆类别被校正带来的附带提升。而掩模性能提升中，更复杂的多目标视频物体分割（DAVIS 2017 数据集）的效果提升比单目标的提升高一倍，这一方面是因为单目标掩模原始算法性能较高；另一方面则是由于多目标中掩模的局部混淆现象更加严重，因此，使用连通域通过时空关联校正对其改善幅度更大。

表 5.3　连通域优化性能对比表

DAVIS 2016 数据集			
算法	时间/s	J_{mean}	F_{mean}
原始掩模	0.087	0.844	0.869
原始掩模+连通域优化	0.19	0.861	0.883
DAVIS 2017 数据集			
算法	时间/s	J_{mean}	F_{mean}
原始掩模	0.38	0.506	0.568
原始掩模+连通域优化	0.48	0.540	0.611

5.7　本章小结

传统或深度网络的通用分割算法直接分割得出的掩模通常具有较粗糙的边缘细节，这是由于算法设计和训练更注重通用性和整体掩模分布，因此，预测结果更关注掩模整体和真值的交并比，无针对性约束时往往不会关心边缘贴合度等在视觉效果中十分重要的因素。本章介绍了几种常用的掩模优化算法，在原始掩模的基础上利用条件随机场约束、导引优化、时空约束校正等方式实现进一步优化，提升了分割掩模的整体和边缘精度。本章在理论和实验部分对比和分析了不同掩模优化技术的适用场景，验证了掩模优化步骤的有效性，为视频物体分割算法的后处理优化提供了研究思路。

第 6 章　视频物体分割算法的质量评估

6.1　引　　言

视频物体分割算法多种多样，有的具有精准的掩模分割能力[109]，有的具有更高的预测速度[67]。但当前大多数视频分割算法均严重依赖于人工标注，尤其在验证阶段，为了能有效对比不同算法的优缺点，需要对算法输出的掩模进行质量评估，需要有标注的数据（真实监督信息）来计算不同评价指标实现定量化评估，如图 6.1 所示，根据指标的高低可以清晰地给出每种算法输出掩模的精细质量。

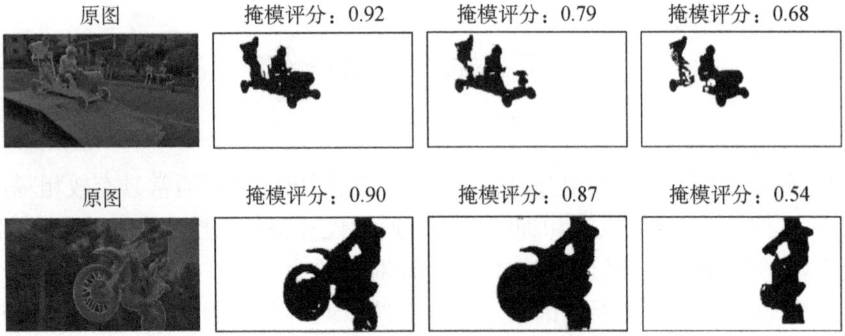

图 6.1　视频物体分割掩模质量评估

在实际应用中，由于视频标注需要精细的人工操作，具有很强的人力和时间成本，因此对掩模标注的需求限制了视频分割算法的发展。为了应对这一问题，研究者基于图像本身信息提出了多种无监督的评价方式[171-173]，为不具备物体掩模标注的实际应用情况提供掩模质量的估计或预测评分，以促进分割算法的发展和推广。

本章介绍部分常见的掩模质量评估指标，包含对整体、边缘部分的评价，以及有监督、无监督情况的评估方式；并详细介绍一种使用深度神经网络实现无监督掩模质量评分的方式，为真实场景无标注情况下的算法对比提供一种解决方案。

6.2　分割掩模质量评估方法

6.2.1　有标注条件下的掩模质量评估

1. 视频物体分割任务的三种指标

在视频物体分割任务中，分割结果准确度最直观的评测方式为计算整体掩模与真值的贴合度、掩模边缘与真值的贴合度，以及掩模的时序连贯性（视频分割与图像分割的一大区别就在于视频帧之间具有时序连贯性）。因此，较常见的视频物体分割算法评价指标为有监督情况下的区域相似度 J 、边界准确率 F 和时域连贯性 T 。

区域相似度 J 指标综合衡量算法预测的掩模的准确率，是评测算法精度最直观的指标。指标中除了计算区域相似度的均值（ J_{mean} ）外，还包括区域相似度的召回率（ J_{recall} ）和算法衰减指数（ J_{decay} ）。对于单张图像而言，假设算法预测出的掩模为 mask ，实际的标注为 gt ，那么单帧区域相似度的计算为掩模和实际标注的交并比，即

$$j=(\text{mask}\cap\text{gt})/(\text{mask}\cup\text{gt}) \tag{6.1}$$

假设视频数据集 R 由视频 $\{S_i, i=1,2,3,\cdots\}$ 构成，$|\cdot|$ 表示集合中元素个数，$\bar{J}_{S_i}$ 为视频 S_i 中所有帧评分 j 的平均，那么 J_{mean} 即整个视频集所有视频评分的均值：

$$J_{\text{mean}}=\frac{1}{|R|}\sum_{S_i\in R}\bar{J}_{S_i} \tag{6.2}$$

召回率估计视频集合中区域相似度 j 大于阈值 0.5 的图像比重。用 $1_{|J>0.5|}$ 表示单帧图像 j 大于 0.5 时取 1、小于 0.5 时取 0 的判断函数，则有：

$$J_{\text{recall}}=\frac{1}{|R|}\sum_{S_i\in R}\frac{1}{|S_i|}\sum\nolimits_{S_i}1_{|J>0.5|} \tag{6.3}$$

算法衰减度旨在衡量算法在视频中随时间推移性能的衰减变化。将每个视频 S_i 按帧数顺序四等分为 $\{Q_{S_i}^1, Q_{S_i}^2, Q_{S_i}^3, Q_{S_i}^4\}$ ，则衰减系数可以通过视频第 1 等分和第 4 等分内区域相似度均值（ $\bar{J}_{Q_{S_i}^1}$ 、 $\bar{J}_{Q_{S_i}^4}$ ）的性能差计算得出：

$$J_{\mathrm{decay}}=\frac{1}{|R|}\sum_{S_i\in R}\bar{J}_{Q_{S_i}^{1}}-\bar{J}_{Q_{S_i}^{4}} \tag{6.4}$$

边界准确率 F 指标衡量算法预测的掩模的边缘与实际边缘的贴合度，是衡量算法细节是否精细的指标。同 J 相似，F 指标中也包含均值（F_{mean}）、召回率（F_{recall}）和算法衰减指数（F_{decay}）。其计算方式也与 J 的类似，不同点在于对单张图像计算评测值 f 的算法。假设预测掩模的边缘为 $\mathrm{bnd}_{\mathrm{pred}}$，实际标注的边缘为 $\mathrm{bnd}_{\mathrm{gt}}$，那么预测中的边界准确率 f_P 和召回率 f_R 分别为

$$f_P=\frac{\left|\mathrm{bnd}_{\mathrm{pred}}\cap \mathrm{dilate}\left(\mathrm{bnd}_{\mathrm{gt}}\right)\right|}{|\mathrm{bnd}_{\mathrm{pred}}|} \tag{6.5}$$

$$f_R=\frac{\left|\mathrm{bnd}_{\mathrm{gt}}\cap \mathrm{dilate}\left(\mathrm{bnd}_{\mathrm{pred}}\right)\right|}{|\mathrm{bnd}_{\mathrm{gt}}|} \tag{6.6}$$

其中，$\mathrm{dilate}(\cdot)$ 为一个直径为 7 个像素的图像膨胀操作，用于缓和边缘模糊性带来的误匹配。f 的实际值为准确率和召回率的结合：

$$f=\frac{2f_P f_R}{f_P+f_R} \tag{6.7}$$

全数据集的相似度均值（F_{mean}）、召回率（F_{recall}）和算法衰减指数（F_{decay}）等的计算与指标 J 完全一致：

$$F_{\mathrm{mean}}=\frac{1}{|R|}\sum_{S_i\in R}\bar{F}_{S_i} \tag{6.8}$$

$$F_{\mathrm{recall}}=\frac{1}{|R|}\sum_{S_i\in R}\frac{1}{|S_i|}\sum\nolimits_{S_i}1_{|f>0.5|} \tag{6.9}$$

$$F_{\mathrm{decay}}=\frac{1}{|R|}\sum_{S_i\in R}\bar{F}_{Q_{S_i}^{1}}-\bar{F}_{Q_{S_i}^{4}} \tag{6.10}$$

时域连贯性指标 T 衡量算法在视频时间轴上的连贯性，算法的 T 值越低，预测掩模越连贯。T 计算的是两帧结果之间的预测值像素的匹配与失配，用于衡量连续帧的预测掩模是否连贯，如果存在时间域的不稳定，则 T 值上升。T 的测量值只有均值 T_{mean}，衡量整个视频集合上算法预测结果是否平滑。

2. 其他可用于视频物体分割任务的边缘质量评价指标

将视频物体分割掩模的边缘视为坐标信号序列，则可使用比较两个实数序列（信号）之间相似度的度量方法，即使用实信号编辑距离（edit distance of real signal，EDRS）进行边缘质量衡量。

EDRS 计算两个信号序列之间的最小操作代价，使一个信号可以转换为另

一个信号，其允许的操作包括插入、删除和替换，每个操作的代价与信号值的差异相关。在边缘距离度量中，EDRS 可以衡量将预测掩模边缘坐标序列转换为真实掩模边缘坐标序列所需的操作距离，进而得出预测掩模的准确度评价（变换距离越小则边缘越精准）。其具体操作介绍如下。

（1）坐标信号序列提取。使用 Sobel 算子提取预测掩模 M_{pred} 和标注掩模 M_{gt} 的边缘 B_{pred} 和 B_{gt}，并获取边缘值大于 0 的点的位置序列 $\left[W_p, H_p\right]$ 和 $\left[W_g, H_g\right]$：

$$B_{\text{pred}} = \text{Sobel}\left(M_{\text{pred}}\right), \quad B_{\text{gt}} = \text{Sobel}\left(M_{\text{gt}}\right) \tag{6.11}$$

$$\left[W_p, H_p\right] = \text{find}(B_{\text{pred}} > 0), \quad \left[W_g, H_g\right] = \text{find}(B_{\text{gt}} > 0) \tag{6.12}$$

（2）单帧 EDRS 测算。使用 EDRS 计算 $\left[W_p, H_p\right]$ 信号序列和 $\left[W_g, H_g\right]$ 之间的最小操作代价：

$$d_E\left(M_{\text{pred}}, M_{\text{gt}}\right) = \text{EDRS}\left(\left[W_p, H_p\right], \left[W_g, H_g\right]\right) \tag{6.13}$$

（3）视频 EDRS 测算。对具有 N 帧图像 $\left(I_1, I_2, \cdots, I_N\right)$ 的视频，其每帧的掩模预测与标注结果分别为 $\left\{M_{\text{pk}}, k = 1, 2, \cdots, N\right\}$ 和 $\left\{M_{\text{gk}}, k = 1, 2, \cdots, N\right\}$，计算其平均 EDRS 作为整个视频的评价结果：

$$D_{\text{EDRS}} = \sum_{k=1}^{N} d_E\left(M_{\text{pk}}, M_{\text{gk}}\right) \tag{6.14}$$

将视频物体分割掩模的边缘视为边缘点的集合（点集），则可使用衡量两个点集之间相似度的豪斯多夫（Hausdorff）距离进行边缘质量评价。

Hausdorff 距离计算两个点集之间相似度的几何距离，即衡量一个点集到另一个点集的最大最小距离（一个集合中最远点到另一个集合的最近点的距离）。两个点集 A、B 的 Hausdorff 距离计算公式为

$$d_H\left(A, B\right) = \max\left\{\sup_{a \in A} \inf_{b \in B} d\left(a, b\right), \sup_{b \in B} \inf_{a \in A} d\left(a, b\right)\right\} \tag{6.15}$$

其中，sup 为上确界：给定一个集合 A 的所有上界中的最小值，如果集合 A 有最大值，那么上确界就是最大值；如果没有最大值，上确界是一个比集合中所有元素都大的最小数。inf 为下确界：给定一个集合 A 的所有下界中的最大值，如果集合 A 有最小值，那么下确界就是最小值；如果没有最小值，下确界是一个比集合中所有元素都小的最大数。以真实掩模和预测掩模的边缘位置序列 $\left[W_g, H_g\right]$ 和 $\left[W_p, H_p\right]$ 作为点集 A 和 B，设视频长度为 N 帧，其每帧的边缘点集表示为 $\left\{\left[W_{pk}, H_{pk}\right], \left[W_{gk}, H_{gk}\right], k = 1, 2, \cdots, N\right\}$，则视频的 Hausdorff 距离计算可表示为

$$D_{\text{Hausdorff}} = \sum_{k=1}^{N} d_H\left(\left[W_{pk}, H_{pk}\right], \left[W_{gk}, H_{gk}\right]\right) \tag{6.16}$$

图 6.2 给出了 EDRS 和 Hausdorff 距离在实际掩模边缘计算中的局部计算示例：从标注真值和预测掩模中提取出各自的边缘后，将边缘视为点集进行从 A 到 B 的编辑操作，获取 EDRS，计算 A 到 B、B 到 A 的最大最小距离，获取 Hausdorff 距离。为掩模边缘精准性判断提供更多样化的评判标准。

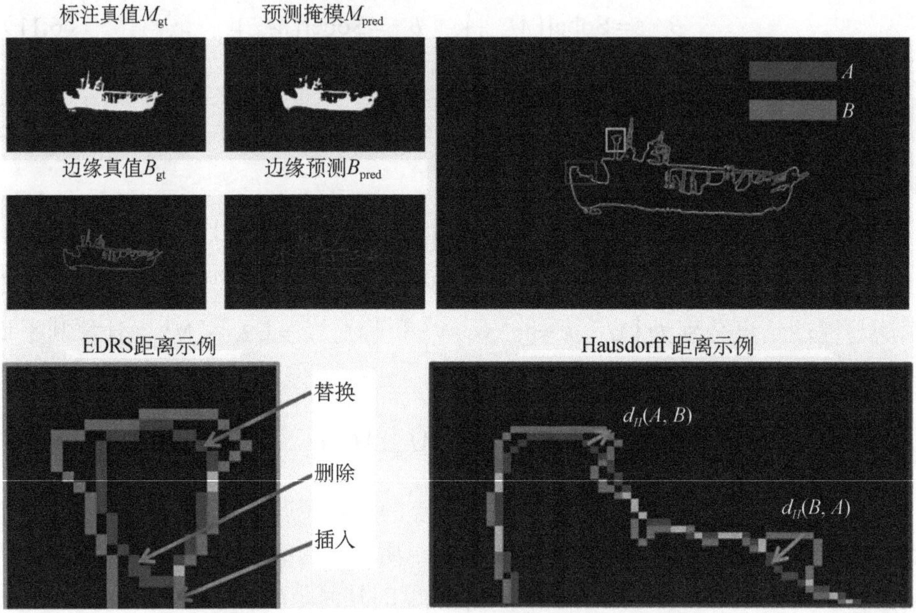

图 6.2　视频物体分割边缘质量评估距离（见彩图）

6.2.2　无标注条件下的掩模质量评估

无标注条件下的掩模质量评估，又称无监督质量评估，是一种不依赖人工标注或参考分割结果的算法分割结果质量评估方法，视频与图像通常采用类似的评价方法。与传统依赖于手工标注的评价指标不同，无监督场景下缺乏作为参考的掩模真值，需要通过分析、对比、预测等手段实现自动评估，可大致分为基于自然图像统计分析的质量评估与基于深度学习的质量评估。

基于图像统计分析的无监督质量评估方法通过分析自然图像的统计特性来评估分割的质量，其常见的评估参考因素包括分割掩模对应原始图像的颜色/纹理一致性、轮廓平滑度、区域同质性、形状规则性等。例如，文献[174]提出一种基于颜色差异评估的指标 F ：假设图像被分割掩模区分为 N 个不重叠的分割区域

$\{R_j, j=1,2,\cdots,N\}$，每个区域对应面积（像素个数）为$\{S_j, j=1,2,\cdots,N\}$，用 p_x 表示像素 p 在图像波段 x 的取值（通常为三通道可见光$\{r,g,b\}$），则指标 F 的计算公式如式（6.17）所示，通过统计每个区域像素分布差异 e_j^2（见式（6.18））来评价分割掩模效果，各分割区域内颜色差异越小则认为分割质量越好。

$$F(I)=\sqrt{N}\sum_{j=1}^{N}\frac{e_j^2}{\sqrt{S_j}} \tag{6.17}$$

$$e_j^2=\sum_{x\in\{r,g,b\}}\sum_{p\in R_j}\left(p_x-\overline{p_x}\right)^2 \tag{6.18}$$

基于深度学习的无监督质量评估方法使用深度网络架构如自编码器、生成对抗网络等学习图像潜在进行分割质量评估。例如，文献[171-173]将深度神经网络纳入无监督质量评估任务，将候选区域限制在一个紧密包围单个实例的边界框中，将网络输入设置为分割后的实例边界框裁剪图像和相应的掩模，训练网络以当前输入掩模的有监督评分（如交并比得分 IoU）为目标进行学习和参数优化，然后将训练好的网络迁移应用至无标注的图像分割任务。图 6.3 所示为此类方法的一种经典架构[171]，利用神经网络的强大拟合能力使其自动学习图像和掩模的相关因素进行对比分析，网络最终具备与有监督指标类似的掩模质量评价能力。

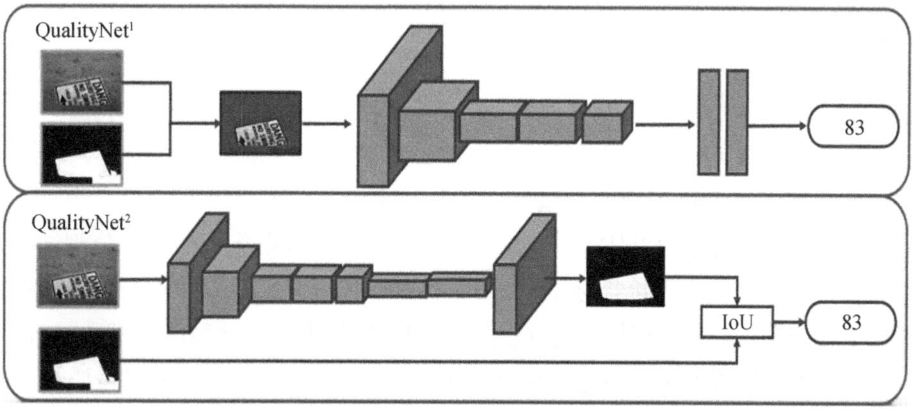

图 6.3　QualityNet 无监督质量评估网络结构图[171]

无标注条件下的掩模质量评估是一个挑战性的问题。基于图像统计分析的方式通常具有较强的先验假设（如图像由数个分割掩模完全覆盖、正确掩模的区域颜色应一致、物体具有清晰边缘、区域像素符合高斯分布等）、对噪声敏感、只能处理低层级纹理信息但无法理解高层级语义信息；基于深度学习的方法具有更好的高层级特征挖掘和噪声应对能力，更擅长处理无标注条件下掩模质量评估中的诸多挑战性因素，如未知的物体类别、快速的物体形变、多样化的掩模缺陷等，但也存在着迁移性差等可改进研究的地方。

在视频物体分割任务中，目标物体的分割掩模只占图像整体区域的一小部分且存在运动模糊等噪声，因此，基于图像统计分析的评估方法对此任务的适用性不强；基于深度学习的评估方法具有更强的描述能力和更高的鲁棒性，能够在复杂场景中给出可靠的质量评估，由于深度网络的迁移性一般较差，因此，实际应用中还需要针对任务进行设计和优化。

6.3 基于深度学习的视频物体分割掩模质量自动评估算法

6.3.1 数据准备

深度神经网络通常为数据驱动型，需要大量数据用于网络优化，以辅助神经元探索最佳的特征描述和组合方式。本章的视频物体分割掩模质量评估任务采用视频帧和分割标注构建数据集以实现算法的训练和评测；本节详细介绍为视频物体分割掩模质量评估任务预备的 VISA 数据集的构建方式。

1. 数据收集

原始视频数据采自 DAVIS 2016 数据集[4]；为了增加掩模的多样性，原始分割掩模数据采自多种多样的半监督视频物体分割算法[59,61,63,105,106,110,153,175-183]和无监督视频物体分割算法[43,46,48,55,102,103,128,184-187]在该数据集上的实际分割结果。掩模质量的真值使用评价指标 J（见 6.2.1 节），图 6.4 给出了整个数据集中的掩模质量分布图（横轴为掩模评分 $J_{\text{mean}} \in [0,1]$，纵轴为对应分数段掩模数量），可以看出，数据集掩模质量覆盖了全部可能性（评分 0～1），且具有最差质量（评分 0）和最高质量（评分 1）的样例。

将分割掩模按视频随机拆分为训练集和测试集，则训练集共包含 66474 帧掩模，测试集包含 12396 帧掩模。训练集和测试集中的原始视频不重叠，以更好地验证算法的通用性（测试集数据来自 10 个视频，训练集数据来自另外 40 个视频）。数据集中部分图像、掩模和评分 J 展示如图 6.5 所示。

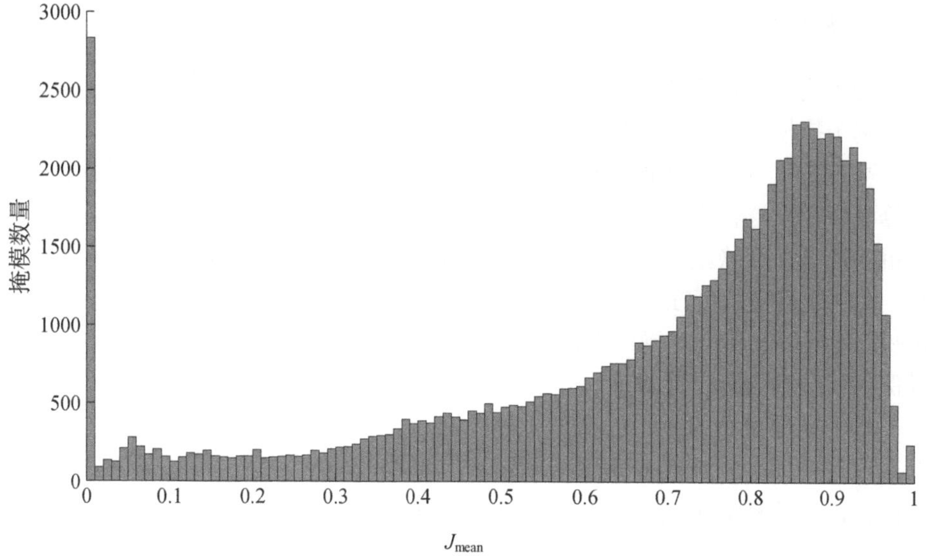

图 6.4　VISA 数据集中的掩模质量分布示例

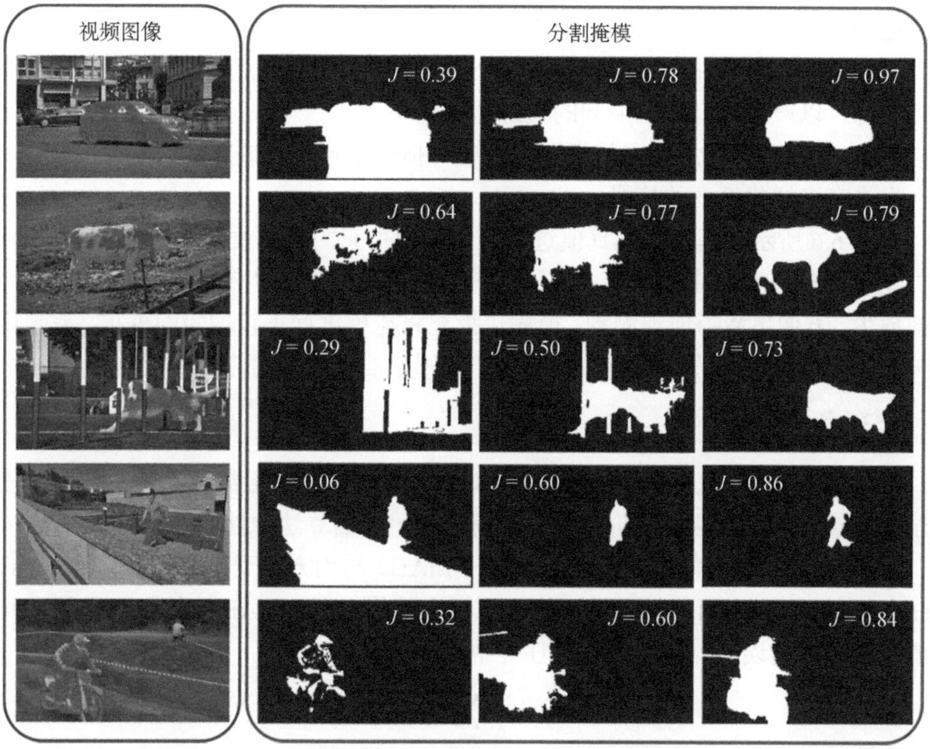

图 6.5　VISA 数据集中的视频帧图像和掩模示例

2. 数据扩充

为了进一步增强掩模的多样性，实际训练中可使用基于仿射变换的数据扩充和基于掩模扭曲的数据扩充两种方式进行多样化扩充。

基于仿射变换的数据扩充为一种较为通用的数据扩充方式，在视频物体分割算法中被广泛使用，其扩充操作包括随机翻转、旋转、缩放和平移。为了防止随机参数仿射变换造成大面积图像变形或空白，通常会对变换参数进行相应限制，如限制旋转角度在±10°以内、缩放尺寸为0.8～1.5倍、平移范围在长宽的10%范围内等。在实际操作中，每次对连续帧图像和掩模进行相同参数的变换，以保障视频帧的时空连贯性。

基于掩模扭曲的数据扩充为一种更针对掩模质量评估任务的变换方式，可以通过对掩模的扭曲畸变实现掩模错误类型的多样化扩充，该扩充方式只作用于掩模，原始视频帧图像不产生变换。具体操作可分为掩模模糊化、掩模毛刺化、掩模变形化三种。

（1）掩模模糊化：随机添加模糊因子，用半径为0～5个像素的模糊核对掩模进行模糊，以产生边缘圆滑但不清晰的掩模。

（2）掩模毛刺化：通过对掩模行列像素的随机左右上下移动添加掩模的毛刺边缘，以产生具有随机毛刺的边缘粗糙掩模。

（3）掩模变形化：利用随机四点映射对掩模进行局部或全局的映射变形，以产生具有多样化畸变的掩模。

图6.6所示为基于掩模真值进行三种扭曲扩充的图像效果，可以看到，三种扩充均起到了增加掩模质量多样性的效果。第一行对狗头部分的掩模进行了局部放大，方便更清晰地观测到，模糊化扩充将掩模进行了较均匀的外扩、毛刺化扩充为掩模添加了边缘噪声、变形化扩充则扭曲了头部的掩模形状。

3. 评价指标

VISA数据集采用平均绝对误差、均方根误差、皮尔逊线性相关系数和斯皮尔曼等级相关系数四种评价指标对无监督质量评估算法的性能进行评测。

平均绝对误差（mean absolute error，MAE）与均方根误差（root mean square error，RMSE）为两种常用的评价序列间误差的指标。MAE计算每对数据之间的平均绝对值误差，在质量评估任务中，其计算公式为

$$\mathrm{MAE} = \frac{1}{N}\sum_{i=1}^{N}\left|J_i - \mathrm{pred}_i\right| \tag{6.19}$$

其中，J_i为掩模有监督时的评估真值；pred_i为算法在无监督情况下预测出的掩模质量；N为图像集总体数量。类似地，RMSE计算公式为

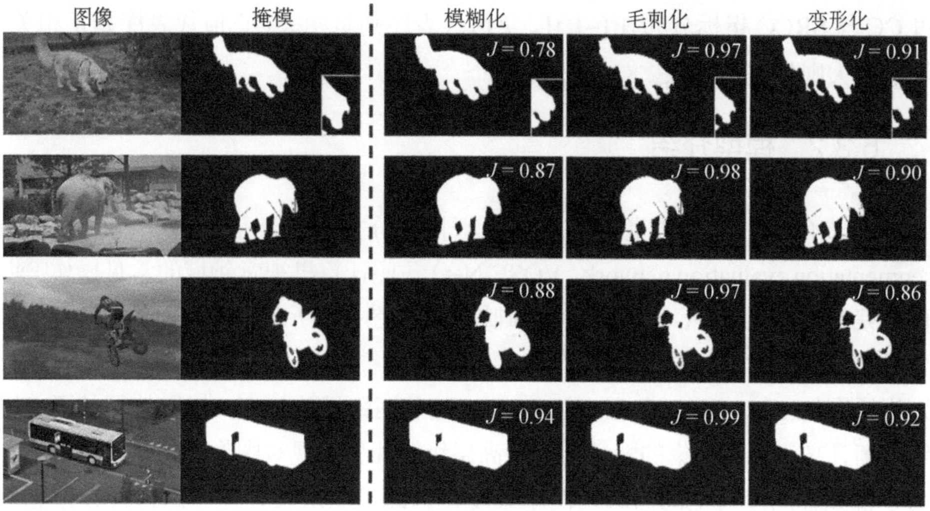

图 6.6 基于掩模扭曲的数据扩充效果示例

$$\mathrm{RMSE}=\sqrt{\frac{1}{N}\sum_{i=1}^{N}(J_i-\mathrm{pred}_i)^2} \tag{6.20}$$

MAE 与 RMSE 分别侧重于评价预测得分的绝对偏差和标准差偏差，二者的值域分布均为$[0,\infty)$，评分越小则证明预测值越接近真值。

皮尔逊线性相关系数（Pearson linear correlation coefficient，PLCC）和斯皮尔曼等级相关系数（Spearman's rank correlation coefficient，SRCC）为两种应用广泛的测量序列相关性的指标，用于本任务时的计算公式如式（6.21）和式（6.22）所示：

$$\mathrm{PLCC}=\frac{\sum_{i=1}^{N}\left(J_i-\bar{J}\right)\left(\mathrm{pred}_i-\overline{\mathrm{pred}}\right)}{\sqrt{\sum_{i=1}^{N}(J_i-\bar{J})^2\sum_{i=1}^{N}(\mathrm{pred}_i-\overline{\mathrm{pred}})^2}} \tag{6.21}$$

$$\mathrm{SRCC}=1-\frac{6\sum_{i=1}^{N}(R_{J_i}-R_{\mathrm{pred}_i})^2}{N\left(N^2-1\right)} \tag{6.22}$$

其中，$\bar{J}$ 与 $\overline{\mathrm{pred}}$ 为评分真值和预测值序列的均值；R_{J_i} 与 R_{pred_i} 为评分 J_i 和 pred_i 在各自序列中的排序。PLCC 与 SRCC 并不直接衡量评分真值和预测值的差异，而是对比其分布的相似性，使用这两个指标评价自动评分算法，可以鼓励算法在无法给出精准评分的情况下尽量给出精准的质量分布与排序（例如，掩模 A 和 B 的评分虽然估计不准，但其掩模质量的高低通过预测评分可以精准判断）。

PLCC 与 SRCC 指标分布在[−1, 1]，负值代表序列负相关，正值代表序列正相关，正值越大则相关性越大。

6.3.2 模型介绍

本节介绍的自动质量评估网络视频物体分割质量评价网络（video object segmentation evaluation network，VOSE-Net）仿照计算机视觉领域的常见操作[188]，使用残差网络 ResNet-101[99]作为基础框架。如图 6.7 所示，网络主体包含五个主要的卷积模块，逐渐缩小特征图并凝练图像特征（五个模块输出特征图大小分别为原图的 1/4、1/4、1/8、1/16、1/32），随着网络层的加深，提取特征的语义层级逐渐升高，越发密集的特征通过更高层级的抽象实现对图像的认知级别描述。由于视频分割涉及空间与时间两个维度，因此，网络设计包含源自视频帧彩色图像的空间参考与源自相邻帧运动光流预测的时间参考，两种参考信息合并后共同参与掩模质量的预测评估。

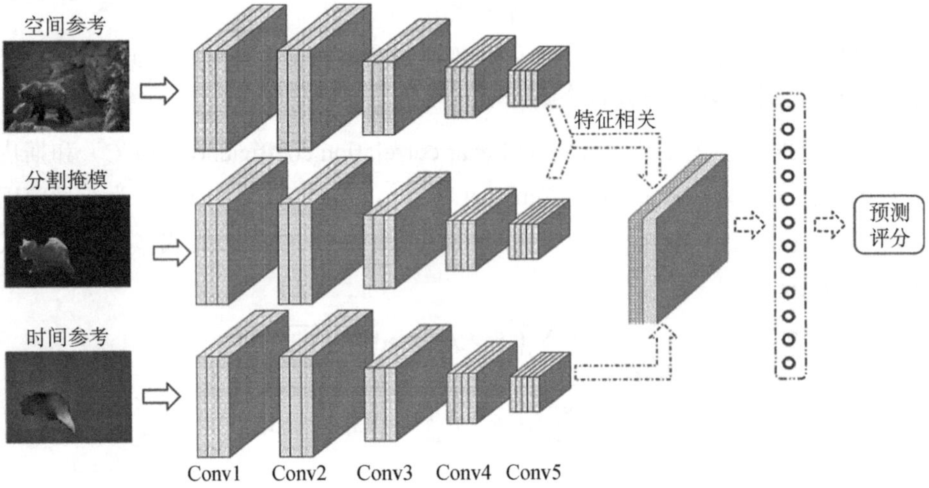

图 6.7 自动质量评估模型框图

在空间信息方面，使用原始视频帧图像为参考，记为 r_s；将算法输出的未知质量掩模记为 f_m。从最高语义层特征（Conv5）提取图像与掩模特征，进行特征层级的相关运算，计算每个像素位置及其周边局部位置的相关特征，使网络获取预测掩模与原图的覆盖和对比信息。特征相关运算使用相关层 $\mathbb{C}$ 实现：

$$\mathbb{C}\left(p_r,p_f\right)=\sum_{o\in[-r,r]\times[-r,r]} r_s\left(p_r+o\right)\times f_m\left(p_f+o\right) \tag{6.23}$$

其中，p_r 与 p_f 代表 r_s 和 f_m 特征图的坐标位置；r 为计算局部相关性的半径范围，每对坐标点的特征相关性计算只求其周边 $2r+1$ 区域内的，限制 p_r 与 p_f 的距离在 d 以内，以进一步减少相关层的计算量。在本节使用的模型中，限制相关计算中的 $r=0$ 以获取像素点级别的相关结果，设置计算范围 $d=4$。由于相关层直接对输入特征进行计算，不涉及可训练参数，因此，相关层涉及的计算次数为所有像素点个数乘以 $(2d+1)^2$，可快速实现信息提取与传递。

在时间信息方面，引入运动光流[92,170,189]来表征帧间的密集关联。由于在视频中，同一物体通常具有类似的运动方向，因此，光流信息可以提供物体的一致性参考、掩模的时间平滑度参考等信息。对比三种先进的光流算法[92,170,189]后，网络采用 PWC-Net[170]预测出的光流幅值图作为时间参考信息。光流提供的时间参考信息经过网络的特征提取后，降维至与空间参考信息类似的维度，以防止相互的信息掩盖和淹没。最后将时间参考与空间参考特征串接在一起，通过全连接层实现掩模质量的分值预测。

6.3.3　模型训练

模型的训练和评测分别在 VISA 数据集的训练集和测试集上进行。训练时，采用 L1 损失函数衡量预测掩模质量与真实质量评分的差异，实现网络参数的迭代优化。在训练过程中，使用 6.3.1 节中介绍的基于仿射变换的数据扩充和基于掩模扭曲的数据扩充两种方式进行样本扩充，将每个样本随机变换 1000 次，使用标准的随机梯度下降法（stochastic gradient descent，SGD）进行梯度计算和参数优化，设置学习率为 10^{-4}，批大小为 20，训练 5～10 万轮次直至网络损失函数曲线表现出收敛。

6.3.4　模型应用

模型可对视频物体分割算法预测出的掩模进行自动质量评估，具有很强的实用性。其应用包括但不限于以下几个方面。

①从诸多可能的分割结果中筛选出最优的掩模。

②辅助 CRF 等后处理算法进行参数搜索。

③在无标注的互联网视频（包括与 VISA 训练集画风相差较大的动画视频、自拍视频等）中自动给出切合实际的算法性能评价。

6.4 实验结果与分析

6.4.1 网络各模块有效性分析

自动质量评估网络 VOSE-Net 包含空间参考、时间参考两大网络支路，以及训练过程中基于仿射变换的数据扩充、基于掩模扭曲的数据扩充两种扩充方式，共四个重要模块。其中，每一步操作均对最终的自动质量评估性能进行了辅助和效果提升。表 6.1 中给出了移除这四个模块后对网络性能的影响，评测指标使用 MAE、RMSE、PLCC 和 SRCC。

表 6.1 网络各部分性能验证表（VISA 测试集）

	MAE	RMSE	PLCC	SRCC
VOSE-Net	0.034	0.052	0.980	0.958
移除空间参考	0.106	0.155	0.805	0.761
移除时间参考	0.055	0.080	0.941	0.907
移除仿射变换	0.040	0.063	0.970	0.946
移除掩模扭曲变换	0.039	0.060	0.973	0.951
移除仿射和掩模扭曲变换	0.047	0.075	0.958	0.938

从表中的评价结果可以看出，移除空间参考比移除时间参考对网络的影响更大（移除空间参考后 MAE 由 0.034 变为 0.106，而移除时间参考时仅增加至 0.055），这是由于空间参考使用的原始视频帧图像信息比时间参考使用的光流幅值图具有更多的图像细节纹理信息，空间参考与掩模的对比层特征可以给出掩模与图像中物体边缘的贴合度、掩模对应图像中像素分布的均匀度等对质量评价十分有用的信息。此外，时间参考在视频中出现大幅运动或遮挡的情况下，容易产生失匹配问题，导致无法提供准确信息，在这类情况下有空间参考存在也可能无法给出精准评分。如图 6.8 所示，狗跨栏运动中，栏杆遮挡导致运动光流预测缺失（如狗头部分、身体部分），但狗整体处于图像内部且具有较明显闭合边缘，因此空间参考提供的信息可以支撑网络给出较精准的预测评分（s_p）；摩托车飞越中，高速大幅的运动导致光流难以给出精准辨识结果，且摩托车只有局部位于图像内，空间参考也不能精准给出掩模完整度信息，因此其预测评分 s_p 与真实评分 s_j 具有较大差异（最大的一个相差 0.18 分）。

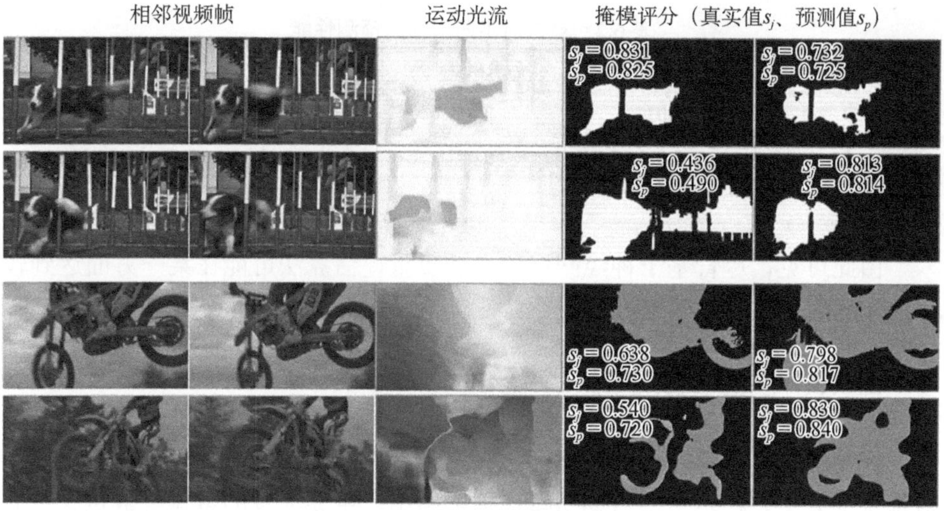

图 6.8　自动质量评估模型框图

根据表 6.1 中的数据，两种数据扩充方法对网络的训练性能均起到了正向的作用，不使用基于仿射变换的数据扩充则 MAE 指标会由 0.034 恶化至 0.040，不使用基于掩模扭曲的数据扩充则 MAE 指标恶化至 0.039。这验证了数据扩充对网络多样性、鲁棒性的提升效力。

6.4.2　网络对不同评价指标的预测能力分析

由 6.2.1 节可知，掩模的质量评估除了整体质量评分 J 外，常用的还有边缘质量评分 F，这二者的综合评分一般定义为 $G=(J+F)/2$。本节对自动质量评估网络是否能够对各类指标均进行精准预测进行实验分析。

如表 6.2 所示，分别使用 J、F、G 指标为预测目标，训练网络实现质量评估，使用相同的 VISA 数据集训练集、数据扩充方式和训练参数，以方便对比，并采用与表 6.1 相同的四种指标进行定量对比。可以看出，网络对 J 指标的预测最为精准，对 F 指标的预测能力最差，这是由于边缘是基于掩模的下一层级计算结果，空间参考需要进一步提取信息才能进行边缘比对，而时间参考的运动光流在边缘往往存在模糊的预测结果，因此，边缘质量估计的难度要远高于直接估计掩模整体质量。而 G 指标由于同时包含 J 和 F，因此其预测难度也在二者之间。

表 6.2 算法对不同指标的预测性能

指标	MAE	RMSE	PLCC	SRCC
J	0.034	0.052	0.980	0.958
F	0.061	0.084	0.945	0.938
G	0.043	0.065	0.966	0.951

由此可见，尽管基于神经网络的自动质量评估算法可能在某一方面达到较好的无标注质量预测效果，但其不具备自动评估所有类型质量的能力。

6.4.3 模型参数分析

模型训练与优化过程中通常会包含多种可调参数，通过不同的组合测试获取最优的效果。在本节的自动质量评估网络中，主要涉及的可调参数包含空间参考的输入图形式、相关层参数设置、运动光流估计算法与数据扩充方式等。本节展示如何通过一步步试探与调整获取最佳的参数组合。

表 6.3 中给出了使用控制变量法，通过 11 种不同的参数组合，分别进行了相关层参数、输入掩模格式、光流预测方法的筛选。为了简化筛选过程，各参数组合的训练中仅使用基于仿射变换的数据扩充。其中，相关层参数栏中 1（3）表示相关层计算时的单点最大位移为 1、计算范围为 3；光流栏中的[170]、[92]和[189]分别代表使用 PWC-Net、EpicFlow、FlowNet2 三种先进光流算法预测出的光流作为网络输入。

表 6.3 不同网络参数对应的预测性能

编号	输入掩模格式	相关层参数 d（$2d$+1）	光流预测方法	数据扩充	MAE	RMSE	PLCC	SRCC
相关层参数筛选								
1	RGB	1(3)	[170]	仿射	0.047	0.071	0.961	0.938
2	RGB	2(5)	[170]	仿射	0.043	0.070	0.963	0.943
3	RGB	3(7)	[170]	仿射	0.041	0.063	0.970	0.945
4	RGB	4(9)	[170]	仿射	0.039	0.060	0.973	0.951
5	RGB	5(11)	[170]	仿射	0.039	0.060	0.973	0.951
6	RGB	6(13)	[170]	仿射	0.040	0.062	0.971	0.947
7	RGB	7(15)	[170]	仿射	0.043	0.070	0.963	0.943
8	RGB	8(17)	[170]	仿射	0.047	0.075	0.958	0.938

续表

编号	输入掩模格式	相关层参数 d（$2d$+1）	光流预测方法	数据扩充	MAE	RMSE	PLCC	SRCC
输入掩模格式筛选								
4	RGB	4(9)	[170]	仿射	0.039	0.060	0.973	0.951
9	BI	4(9)	[170]	仿射	0.079	0.109	0.909	0.875
光流预测方法筛选								
4	RGB	4(9)	[170]	仿射	0.039	0.060	0.973	0.951
10	RGB	4(9)	[92]	仿射	0.041	0.063	0.970	0.945
11	RGB	4(9)	[189]	仿射	0.040	0.062	0.971	0.947
最佳参数								
最佳	RGB	4(9)	[170]	仿射 扭曲	0.034	0.052	0.980	0.958

相关层参数筛选对比了不同相关层局部计算范围约束d，d越大则网络计算量越大（d限制了两个特征图计算单点相关性的最大位移，设置参数为d的情况下，局部计算范围为$2d+1$）。从前 8 种参数组合对比中可发现，在本任务中，d设置为 4 或者 5 的时候网络性能达到最优，因此，选择其中计算量较小的$d=4$作为选中参数。

输入掩模格式筛选对比了直接输入预测掩模的二值化黑白格式（binary，BI）和把预测掩模与彩色视频帧图像点乘后得到的三通道彩色掩模格式（RGB）对网络的性能影响。可以看出，直接采用二值化黑白掩模的评估性能远不如使用彩色格式掩模时的网络预测性能，这是由于彩色掩模格式具有与原始图像（空间参考）更相近的细节和纹理分布，在相关特征提取中能更好地对比出一致性和差异性特征，为质量评估提供更细致的线索信息。

光流预测方法筛选中对比了以 PWC-Net[170]、EpicFlow[92]和 FlowNet2[189]三种先进光流预测算法输出作为时间参考时的网络性能变化。评价结果表明，光流质量对评估性能影响不大；这辅助验证了算法的鲁棒性。

在筛选得到最佳参数后，添加基于掩模扭曲的数据扩充方式进行重新训练，即可得到最优参数组合带来的最佳质量评估效果（表中最后一行）。

6.4.4　模型特征组合方式分析

由图 6.7 可知，本章的掩模质量评估网络模型采用的结构为将空间参考特征

（r_s）与预测掩模特征（f_m）的相关特性（$f_m \otimes r_s$）与时间参考特征（r_t）串联（⊕）后进行得分预测，结构可表示为$r_t \oplus (f_m \otimes r_s)$。本节测试和分析空间参考特征、预测掩模特征与时间参考特征的不同组合方式，解释网络结构设计的逻辑性。为了简化训练，依然只采用基于仿射变换的数据扩充训练网络。

通过对比表 6.4 中的不同网络结构与评价指标，可以分析出以下结论。

①使用单参考的网络中，利用空间参考特征的网络性能比利用时间参考特征有很大提升，如 $f_m \oplus r_t$ 的 MAE 指标为 0.106，而 $f_m \oplus r_s$ 的 MAE 可以达到 0.067。

②预测掩模特征与时间参考特征几乎不存在点点对应的相关关系，这二者间的相关操作 $f_m \otimes r_t$ 会引入极大的性能恶化。

③双参考网络（同时使用了 r_s 、r_t 且并未引入 $f_m \otimes r_t$ 结构）的性能一般优于单参考网络。

④直接串联任意两个或全部三个特征（$f_m \oplus r_s$ 、$f_m \oplus r_t$ 、$f_m \oplus r_s \oplus r_t$）的网络具有一定的掩模质量预测能力，且依然服从空间参考优于时间参考，双参考网络优于单参考网络。

⑤ $f_m \otimes r_t$ 已经尽可能地提取到了预测掩模与原始图像对比中对其质量评估有用的信息，在此结构的基础上继续串接预测掩模特征 f_m 并不能进一步提升性能（最后两行中，$f_m \oplus r_t \oplus (f_m \otimes r_s)$ 比 $r_t \oplus (f_m \otimes r_s)$ 多串接了 f_m，但性能并没有提升）。

表 6.4　特征组合方式分析

特征组合方式	MAE	RMSE	PLCC	SRCC
$f_m \oplus r_s$	0.067	0.103	0.920	0.871
$f_m \otimes r_s$	0.055	0.080	0.941	0.907
$f_m \oplus r_t$	0.106	0.155	0.805	0.761
$f_m \otimes r_t$	0.210	0.261	−0.003	−0.030
$f_m \otimes (r_s \oplus r_t)$	0.188	0.253	−0.015	−0.010
$(f_m \otimes r_s) \oplus (f_m \otimes r_t)$	0.125	0.164	0.777	0.756
$f_m \oplus r_s \oplus r_t$	0.055	0.088	0.941	0.907
$f_m \oplus r_t \oplus (f_m \otimes r_s)$	0.039	0.061	0.972	0.950
$r_t \oplus (f_m \otimes r_s)$（本章网络）	0.039	0.060	0.973	0.951

6.4.5　模型通用性验证

通用性是自动质量评估模型的一大重要性质，关乎模型是否能应用到实际任务需求中评测各种风格视频的掩模质量。本节对算法的通用性进行一一验证，不同情况的对比数值列举如表 6.5 所示。

表 6.5　网络通用性测试（在不同数据集上的性能对比）

数据集	MAE	RMSE	PLCC	SRCC
VISA	0.034	0.052	0.980	0.958
VISA-1	0.033	0.051	0.980	0.959
VISA-2	0.036	0.055	0.979	0.956
DAVIS	0.041	0.034	0.944	0.804
Youtube-5fps	0.112	0.125	0.880	0.724
Youtube-30fps	0.091	0.144	0.910	0.715

首先验证质量评估模型对各种类型的预测掩模算法通用性。将 VISA 数据集的测试集拆分为包含与训练集掩模相同算法的 VISA-1 和掩模全部来自与训练集掩模不同的视频物体分割算法的 VISA-2。从表 6.5 中数据可以看出，质量评估模型在这两类数据上的评价指标差异不大（VISA、VISA-1 和 VISA-2 的 MAE 指标分别为 0.034、0.033、0.036）；为了进一步验证这一点，使用未在 VISA 训练集或测试集出现过的三种全新算法[190-192]掩模构建 DAVIS 测试样本并进行评价，在这组数据上，算法得到了较差一些的 MAE 与更好的 RMSE 指标，可以证实模型具备对不同类型视频掩模预测算法的通用性。

其次验证质量评估算法对各种类型的视频数据通用性。在与 VISA 数据集具有画风差异的 YouTubeVOS 视频数据集[193]中，按照每秒 5 帧（5fps）和每秒 30 帧（30fps）进行视频裁剪，使用两种不同类型的算法生成掩模[68,108]并进行自动质量评估，与视频真值标注计算得到的评分进行对比。其中，30fps 的视频比 5fps 的评价指标要更精准，这是由于视频帧率越高，相邻帧之间的运动光流变化越小，光流预测精准性越高，因此，自动评估算法会具有更好的时间参考。0.880 与 0.910 的 PLCC 指标展示了自动评估算法在陌生视频上仍能保持与真值近似的评分分布；衡量排序相似度的 SRCC 指标下降较为明显，这是由于部分覆盖了物体局部部件的掩模被给予了较高评分，打乱了掩模的整体排序。

6.5 自动质量评估算法的实际应用

6.5.1 自动质量评估算法用于掩模筛选

自动质量评估算法的一个简单直观的应用为从诸多候选掩模中自动筛选出最佳的预测结果，以在无标注情况下为视频提供尽可能高质量的分割掩模。举例而言，表 6.6 中给出了使用不同基准网络（层数和结构）的 MaskRCNN 算法[122]在 DAVIS 2016 数据集上的掩模分割结果，以及将所有算法的掩模混合作为候选集合时，利用本章提出的自动掩模评价网络评分排序筛选出的掩模性能；表中评分以百分比形式（%）给出，单网络最高性能用浅灰色标出。为了进一步体现筛选的有效性，表中还给出了按 MaskRCNN 网络置信度排序和按掩模最大面积排序的效果。

表 6.6 掩模筛选应用测试

层数	50	50	101	101	101	101	101	101	152	按 MaskRCNN 网络置信度	按掩模最大面积	自动评分
结构	R1	R2	R1	R2	X1	X2	X3	X4	X			
J_{mean}	52	55	55	56	57	58	51	58	55	48	58	80
J_{recall}	59	61	63	64	65	66	57	65	63	56	65	96
F_{mean}	52	56	56	57	57	59	52	59	56	46	59	79
F_{recall}	56	59	59	60	61	63	53	61	59	47	52	88

可以看出，最大置信度和最大面积都没能起到筛选高质量掩模的效果，其性能与单个网络模型类似甚至更差。但使用自动质量评估网络的评分进行筛选时，最终获取得到的目标掩模集合具有 80%的 J_{mean}，比单个网络最高性能（J_{mean} 为 58%）提升约 20%；在边界准确率 F_{mean} 上，单网络最高性能为 59%，经由本章算法筛选后集合性能可达 79%。这验证了自动质量评估算法在掩模筛选任务中的有效性，对于多模型组合、算法筛选和任意视频物体精准分割等应用具有重要价值。

6.5.2 自动质量评估算法用于参数搜索

在第 5 章中，本书讨论过掩模优化技术对分割效果的增益。其中，CRF 掩模优化技术[156]兼具高精度与通用性，但其通常需要对多种参数进行网格搜索以获取最适合某个视频掩模优化的参数组合。当应用于半监督视频物体分割时，算法可以在带有掩模真值标注的视频首帧中进行搜索优化；但当应用于无监督视频物体分割（包含实际使用中应用于任意视频的情况）时，由于没有真值掩模，无法实现最优参数的估计，CRF 算法通常采用同一套较通用的参数直接计算。相比于针对性定制的参数组合，同质化的优化操作显然无法达到最佳的掩模优化效果。

因此，本节提出自动质量评估算法的另一个实际应用项目，用于辅助进行参数搜索。例如，对于 CRF 算法，其控制颜色相似度的参数 θ_α、θ_β 与控制坐标平滑度的 θ_r（见式（5.6））以及迭代轮次 iter 四个参数常使用参数搜索获取。使用自动质量评估网络的评分替代有监督的真值评分对其进行参数搜索。具体操作如下：随机选取测试视频三帧，在其预测掩模上进行不同参数的 CRF 优化，通过自动质量评估算法的评分筛选出最佳参数组合作为该视频所有帧的统一 CRF 优化参数。

表 6.7 中给出了在 DAVIS 2016 测试集上使用原始预测掩模质量评分真值为 $J_{\text{mean}}=0.798$，$F_{\text{mean}}=0.791$ 的基准算法预测结果作为基础，在其上进行固定参数（所有测试视频使用同一套 $\theta_\alpha,\theta_\beta,\theta_r,\text{iter}$）的 CRF 优化；使用传统网格搜索参数（每个测试视频使用首帧真值进行搜索筛选合适参数）的 CRF 优化；使用自动质量评估网络进行无监督参数搜索（每个视频随机采样三帧进行自动评估搜索合适参数）的网络优化，并测试优化后的掩模真实性能（表格内每个单元格左侧数据为 J_{mean}、右侧数据为 F_{mean}）。

表 6.7　参数搜索应用测试

$\theta_\alpha,\theta_\beta,\theta_r$	iter			
	3	5	10	15
20, 13, 3	0.811, 0.794	0.812, 0.795	0.812, 0.794	0.812, 0.794
40, 13, 3	0.806, 0.795	0.801, 0.788	0.794, 0.781	0.790, 0.778
60, 13, 3	0.785, 0.771	0.772, 0.757	0.757, 0.741	0.751, 0.735
80, 13, 3	0.763, 0.739	0.743, 0.719	0.719, 0.695	0.708, 0.685
100, 13, 3	0.712, 0.689	0.689, 0.695	0.652, 0.628	0.637, 0.618
20, 13, **5**	0.748, 0.729	0.728, 0.706	0.703, 0.684	0.691, 0.673

续表

$\theta_\alpha,\theta_\beta,\theta_r$	iter			
	3	5	10	15
20, 13, **7**	0.741, 0.722	0.720, 0.699	0.695, 0.676	0.684, 0.666
20, 13, **9**	0.735, 0.715	0.713, 0.692	0.688, 0.668	0.677, 0.659
20, **7**, 3	0.790, 0.757	0.766, 0.746	0.752, 0.746	0.745, 0.729
20, **9**, 3	0.771, 0.751	0.755, 0.736	0.738, 0.720	0.729, 0.714
20, **13**, 3	0.811, 0.794	0.812, 0.795	0.812, 0.794	0.812, 0.794
20, **15**, 3	0.747, 0.726	0.725, 0.701	0.699, 0.676	0.687, 0.664
原始预测掩模	$J_{\text{mean}}=0.798$, $F_{\text{mean}}=0.791$			
传统网格搜索	$J_{\text{mean}}=0.801$, $F_{\text{mean}}=0.788$			
自动质量评估	$J_{\text{mean}}=0.812$, $F_{\text{mean}}=0.803$			

可以看出，CRF 使用固定参数直接应用于所有视频对整体性能的影响通常是负面的，这是由于一套参数很难通用于各种类型的视频；使用传统网格搜索对掩模整体性能 J_{mean} 有所提升，边缘性能 F_{mean} 反而下降了，这很大可能是由于在进行网格搜索的时候仅采用 J_{mean} 指导参数搜索，因此，仅在其关注的指标上实现了提升，且仅使用首帧进行检索对于形变较大的物体应对不足；使用自动质量评估算法的筛选不存在仅能利用视频首帧的限制，可以随机抽取视频中的三帧进行筛选，其筛选出的参数更加适应视频内容，可以达到比有监督的网格搜索更佳的优化效果（J_{mean}、F_{mean} 分别提升了 1.4 个百分点和 1.2 个百分点）。

6.5.3 自动质量评估算法用于任意视频的掩模质量评价

任意视频掩模质量评价是自动质量评估算法研究的一大初衷：希望能够在无监督情况下实现对掩模预测算法在任意视频上性能的有效评价。为了验证本章算法满足此需求，采用从互联网直接下载的包含真实世界的影片、3D 动画、二维（two-dimensional，2D）动画等多种风格和人类、动物、车辆、机器人多种目标物体的视频，使用本章算法对各类预测掩模进行算法评价。

图 6.9 展示了算法在其中一个视频上的评价结果（算法评分记为 s_p），分割掩模直接覆盖在物体上。可以看出，本章的自动质量评估网络具有处理物体尺

寸变化的能力，从只出现人脸到出现全身的视频中，本章算法均能较为精准地给出掩模的质量评价。从视觉效果看，评价结果符合人类认知。从第 2 行的前三帧可以看出，算法偏向于对给完整的掩模打出更高的评分（第 1 帧和第 3 帧的衣领处掩模存在明显缺口）；从第 3 行中的前三帧可以看出，算法能够识别出细微的质量差别（正确分割出更多面积的掩模得到了更高分）。

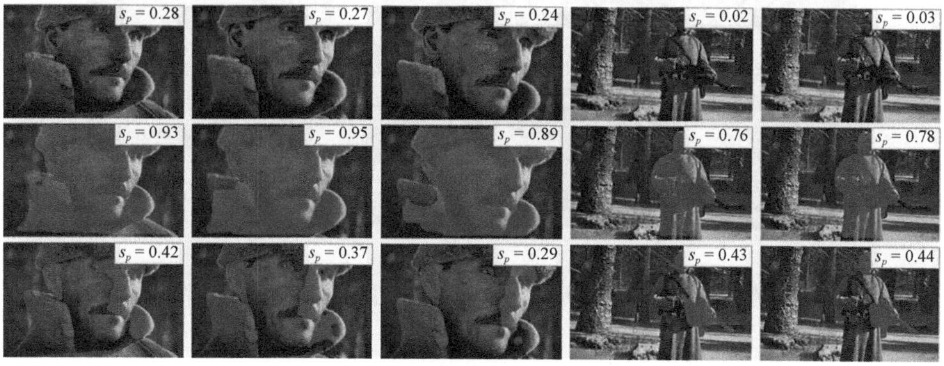

图 6.9　自动质量评估算法在任意视频上的掩模评价结果（见彩图）

图 6.10 中则选择性展示了三种经典视频中评分高的掩模和评分低的掩模的具体情况，其中，左侧图为视频帧图像，右侧图为掩模。可以看出，算法在不同类型视频、不同物种目标上均能够起到分辨掩模优劣的作用，属于切实可用的无监督评价方式。

(a) 高分掩模示例

(b) 低分掩模示例

图 6.10 自动质量评估算法在任意视频上的掩模评价结果

6.6 本章小结

掩模质量评价是视频物体分割算法的重要一环，是验证分割算法性能、比较各类分割算法优劣的重要参考值。本章介绍了几种可用于视频物体分割的评价指标及其计算方式，以及无监督情况下通常如何实现质量评估。本章着重展开介绍了无监督情况下基于神经网络的视频物体分割掩模自动质量评估，通过实验对自动质量评估算法进行了性能分析，并给出了不同应用场景的介绍和展示，验证了自动质量评估算法的实用性。

第 7 章　视频物体分割算法的应用推广

7.1　引　　言

视频物体分割技术在多个领域有着广泛的应用，本章以视频编辑、人机交互、智能监控、医疗处理、自动驾驶为例，展示算法的应用推广方向。

7.2　视频物体分割在视频编辑中的应用实例

7.2.1　背景替换

背景替换与绿幕效果是视频编辑与特效制作中的一项经典应用，主要通过色度键技术将视频中的特定颜色（通常是绿色或蓝色）分离出来，从而实现背景替换。在拍摄过程中，演员站在绿幕（或蓝幕）前；在后期处理中，色度键算法将某种特定颜色范围内的像素从视频中剔除并设置为透明，从而仅保留前景中的演员或物体。一旦前景被分离，新的背景可以是图片、视频或电脑生成的虚拟场景。通过合成技术，将前景对象与新背景无缝叠加在一起。如图 7.1 所示，在视频制作中，前景目标在绿幕前表演，通过色度键技术进行绿幕去除，以提取出拍摄目标，并进行后期复杂背景的添加。

背景替换是一种经典而高效的视频编辑技术，使在虚拟与现实之间进行无缝切换成为可能。通过色度键技术和视频物体分割，创作者能够在电影、广告、新闻和音乐视频中创造出极具视觉冲击力的效果。随着深度学习和 AI 图像处理技术的发展，视频物体分割算法进一步提高了这种效果的质量与制作效率。视频物体分割算法能够快速从任意背景视频中切分出被指定为前景物体的目标，

(a) (b)

图 7.1 基于色度键技术的绿幕背景剔除技术展示

资料来源：（a）https://mms0.baidu.com/it/u=1468776036,2570743979&fm=253&app=138&f=JPEG?w=260&h=190

无须蓝色或绿色表演背景，大大降低了视频编辑对目标配合度和拍摄场景搭建的难度。视频物体分割技术在背景替换应用中的推广可以减少实地拍摄的需求，从而降低拍摄场地和布景的费用；提升创作灵活度，使创作者可以在有限的拍摄空间内实现丰富多样的视觉效果；减少后期工作量，出现小部分拍摄误差时可使用算法进行灵活调整，无须重新进行现场拍摄。如图 7.2 所示，视频物体分割算法可以从自然环境视频（见图 7.2（a））中分割出目标物体，并实现高效、高精度的后期合成（见图 7.2（b））。

(a) (b)

图 7.2 应用示例：背景替换

视频物体分割技术的具体应用包括以下几个方面。

（1）影视制作：在电影和电视剧拍摄中，很多场景无法实地拍摄（如外太空、灾难场景等），使用视频物体分割技术结合后期合成的各种虚拟背景，可实现高质量、低成本的影视制作。

（2）新闻报道：在新闻报道、天气预报等有交互环节的电视节目中，主持人的背景通常会被实时替换为各类背景信息，并随主持人指示而动态变化，使用视频物体分割技术能更精准地跟踪人员姿态，显示实时交互。

（3）短视频创作：视频物体分割技术使在单一拍摄环境中创造出多种视觉效果成为可能，在短视频制作中，还可以用于实时前景提取实现字幕漂浮，如图 7.3 所示，未提取前景的视频内容可能会被弹幕淹没（见图 7.3（a）），但进行前景提取和字幕漂浮的视频则能尽可能地保留主要内容可视（见图 7.3（b））。

(a)　　(b)

图 7.3　应用示例：短视频弹幕去遮挡

7.2.2　实时特效

影视特效技术通过数字化技术和计算机图形学手段，对视频、图像等影音信息进行创建和修改，以实现真实世界中无法拍摄或无法实现的视觉效果，如虚拟场景、角色合成、爆炸/烟雾/光影效果合成等。影视特效不仅能增强故事的视觉冲击力，还能创造出更加丰富和逼真的虚拟世界，使观众能够沉浸于富有幻想色彩的情节中。影视特效技术不仅是视觉表现的革新工具，也为整个影视产业降低了特效成本和制作周期。高质量的特效可以提升视频的吸引力，吸引更广泛的观众群体。随着计算机技术的不断发展，影视特效技术的应用也越来越广泛，涉及动画、游戏、广告等多个领域，成为现代影像制作中不可或缺的核心组成部分。

随着观众对沉浸式体验的期望不断提高，特效行业对交互技术的要求也不断提升。例如，在互动游戏中，我们对画面实时渲染的要求非常严格，任何延迟或不流畅的视觉效果都会直接影响体验的质量。因此，影视特效不仅要关注画面的精度和真实感，还必须考虑渲染和合成的实时性。视频物体分割作为特效制作中的重要技术，能够实现像素级的精确分离，确保物体的边缘和细节处理更加细腻，特别是对复杂形状（如头发、衣物等）的分割，使特效制作更高效，实现实时修改和优化。在直播或即时视频编辑中，视频物体分割可以用于实时特效。通过分割前景物体，可以将特效直接叠加到这些物体上，达到即时渲染的效果。例如，在直播平台中，主播可以使用视频物体分割技术实时改变自己的穿戴、背景等，为自己添加丰富多样的视觉效果，通过高质量的特效，更好地吸引观众的注意力，增强故事的表现力和情感传达，提高整体观看体验。视频物体分割的高效性、精准性等优势使其逐渐成为特效制作中一种不可或缺的工具，推动了影视、广告和游戏等领域的创作进步。常见应用有以下几种（图 7.4）。

（1）粒子特效：粒子特效技术能够模拟烟雾、火焰、爆炸、雨雪等自然现象，增加视觉效果的震撼力和表现力。在粒子特效中，视频分割技术的运用可以进一步提升效果的精度和互动性，实现虚拟元素与现实环境的无缝融合，极大提升用户体验和虚拟环境的真实感。

（2）虚拟换装：虚拟换装技术允许用户在虚拟环境中试穿服装或配件，而无须实际穿戴物品，提升了消费者的购物体验并增强了互动性。在虚拟换装中，视频物体分割技术起到了至关重要的作用，通过精确分割用户的身体和背景，虚拟服装能够精准地叠加到用户身上。

（3）虚拟布景：虚拟布景技术允许将虚拟场景与实际拍摄素材无缝融合，为演员和观众创造沉浸式的视觉体验。通过实时视频分割，系统能够捕捉并分析演员的位置、动作和姿势，并根据这些信息调整虚拟背景的变化，确保虚拟元素与实际拍摄的内容同步，确保光线、阴影和景深等元素与虚拟场景完美融合。

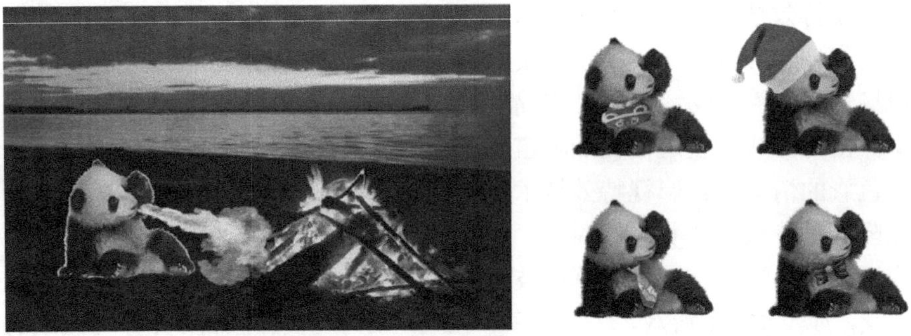

(a) 粒子特效　　(b) 虚拟换装

图 7.4　应用示例：实时特效

7.3　视频物体分割在人机交互中的应用实例

7.3.1　人机交互

人机交互技术指的是研究人与系统之间相互作用的学科，旨在优化设备与用户的交互体验，提升系统的易用性、效率和舒适度。随着信息技术的迅猛发展，尤其是计算机的平价化、移动设备的小型化、互联网的普及化，人机交互技术变得尤为重要。人机交互的核心目标是让用户能够更轻松直观地与智能设备进行交互，从而提高工作效率和用户体验。随着社会对信息技术依赖程度的不断加深，人与智能设备的关系已经从最初的“工具”变成了“伙伴”，使人机交互技术不仅在日常生活中占据了重要地位，也成为各行各业创新和发展的驱动力之一。

传统人机交互通常以键盘、鼠标等为输入设备，显示屏、音响等为输出设备。但随着老龄化社会的到来，未来智能设备对人机交互系统提出了高普适性、高包容度等更多需求，还需要系统能够使用简单自然的交互方式实现庞大、复杂的信息流处理和自动化操作。因此，视频物体分割技术得以在人机交互领域中广泛应用。

视频物体分割技术通过精准识别人体自然动作，以用户肢体运动作为输入与系统互动，可以为用户提供更自然直观的互动体验。视频物体分割作用于人体识别，可通过像素级别分割与跟踪实现身体姿态的检测，实时反馈给智能系统，以方便进行姿态标准度分析、动作耗能分析等；视频物体分割作用于手势识别，可精准分离手部与背景，辅助智能模型进行实时手势跟踪与识别，以实现高效精准的手势交互控制。几种常见的应用场景如下所示（图 7.5）。

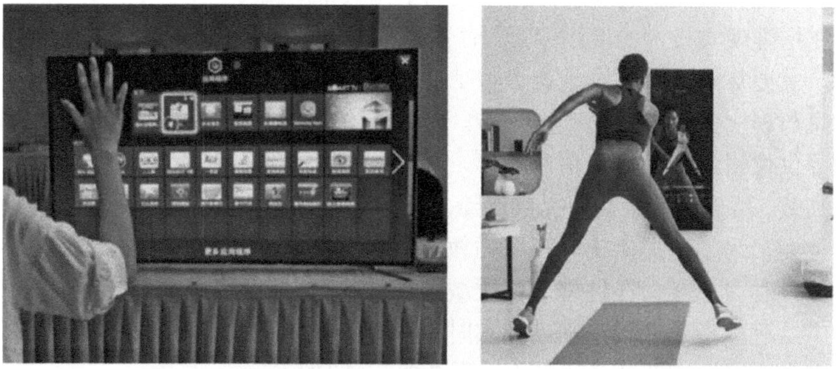

（a）手控电视　　（b）健身指导

图 7.5　应用示例：人机交互

资料来源：（a）https://newsimg.dangbei.net/ueditor/php/upload/image/20161010/1476100139284284.jpg!0
（b）https://imgslim.geekpark.net/uploads/image/file/62/e8/62e8b26ee56af1d36f05750d9fd47c08.jpg

（1）智能家居：在智能家居系统中，中控算法通过摄像头捕捉用户的手势或身体动作，并通过视频分割技术分离出动作区域，从而实现远程手势控制。实现无接触远距离开关电灯、窗帘、音响等设备，为用户节省时间和精力的同时实现更安全的操作。

（2）健身指导：健身应用采用摄像头实时监控用户动作，通过视频物体分割来识别和跟踪身体姿态，采用虚拟教练交互的方式纠正用户在健身过程中出现的姿势错误，指导用户进行正确有效的健身运动。

（3）手控电视：智能电视机通过自带的摄像头拍摄视野范围内的用户动作，通过视频物体分割精准识别手指点击、滑动、拉伸等常见操作，并根据识别结果控制设备进行任务确认、频道切换、界面缩放等操作，从而提供无遥控器式的自然交互。

7.3.2 增强现实

增强现实（augmented reality，AR）技术是一种将计算机生成的虚拟信息与真实世界相结合的技术，旨在将数字内容叠加到现实环境中，从而增强用户对现实世界的感知与互动。与虚拟现实完全沉浸式的体验不同，增强现实技术通过增强用户视野中的现实元素，使用户能够同时感知到虚拟与现实的双重信息，获得更丰富的互动体验。增强现实技术具有广泛的应用场景和巨大的应用潜力。随着 GPU 处理能力的提升以及传感器技术的进步，增强现实技术能够实时处理并准确展示大量信息，满足各行各业对快速响应、实时交互的需求，极大地提升工业自动化、智能制造、物流等领域的工作效率与精度。

在增强现实技术的应用中，实时性和精确性至关重要。例如，在远程指导支援中，需要算法能够精准地将虚拟信息与实时环境相结合，确保用户获得的虚拟信息与现实世界的变化高度同步。实时、高精度的视频物体分割技术能够为系统提供像素级别的精准信息支撑，是增强现实系统的一大关键技术，可以为系统高效、精确的渲染能力提供保障。在教育领域，视频物体分割能够识别学生人体位姿，为学生提供实时响应的教学元素互动，以帮助其更好地理解复杂概念和提升学习兴趣；在远程维修领域，视频物体分割能够清晰地识别出设备本体提供给远程指导人员，辅助其实时获得设备状态和操作反馈，提升故障诊断的效率和正确性。部分具体应用（图 7.6）介绍如下。

（1）增强显示：增强显示系统通过智能眼镜、头盔等设备，将数字化内容叠加至用户视野中，从而提供更加丰富的视觉体验。通过视频物体分割，其可以精确地将视频中的动态物体从背景中分离出来，使系统能够实时地将虚拟对象嵌入到物体周围，或者与物体进行互动。

（2）虚拟游戏：在交互式游戏中，视频物体分割技术通过精确地分离视频中的目标并实时识别和追踪玩家的位置动作，辅助虚拟现实系统将现实世界中的物体与虚拟环境无缝融合，创建更加直观、自然、真实的游玩体验。

（3）智能制造：在自动化制造装配中，视频物体分割通过精确地分割视频中实际操作员与工作环境中的物体，使系统能够将虚拟指导信息精确叠加到实际物体上，实现实时的操作指导与检测，帮助工人精准操作，实现更高效、更安全的生产流程。

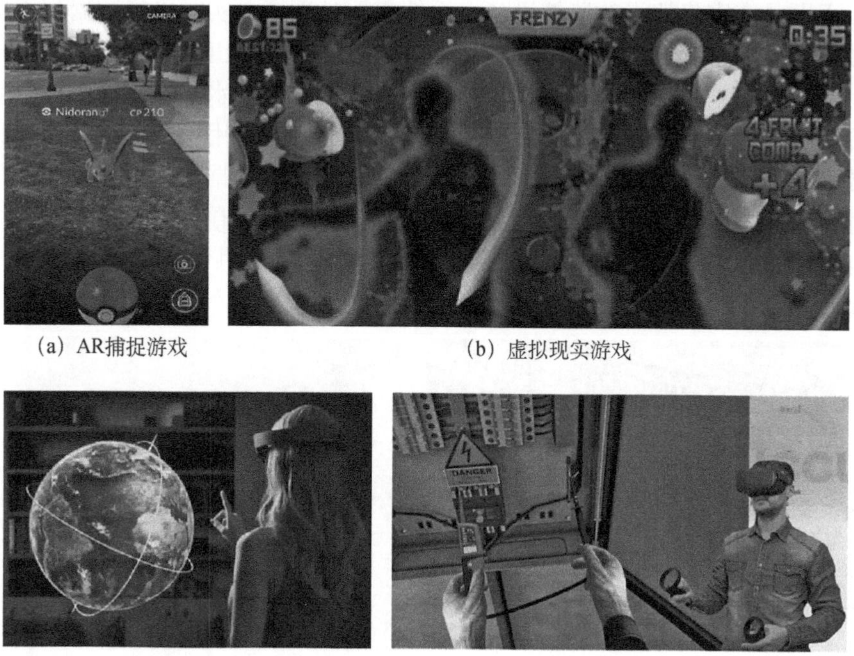

（a）AR捕捉游戏　　（b）虚拟现实游戏

（c）增强现实　　（d）远程维修

图 7.6　应用示例

资料来源：（a）https://mms1.baidu.com/it/u=2214477779,3011180097&fm=253&app=138&f=JPEG?w=187&h=314
（b）https://img.mp.itc.cn/upload/20170506/8431c1bd640a4f5d9fbd5781d59c23af_th.jpeg
（c）https://pic2.zhimg.com/v2-4e1c0b0242ed34c3622ca4064c5939df_1440w.jpg
（d）https://pics5.baidu.com/feed/cdbf6c81800a19d8cf181ebb6b23b080a71e465d.jpeg@f_auto?token=cc530d739a015b63addbce25de474bf2

7.4　视频物体分割在智能监控中的应用实例

7.4.1　天网地面监控

天网监控系统是由多个高科技监控设备和多种技术组成的综合性安防系统，其基础设施包括固定视频监控摄像头、移动监控平台、高清监控视频、红外夜视设备、传感器等硬件设施与计算机网络技术、大数据分析、人工智能算法等先进的软件技术。天网监控作为一种广泛应用的城市安防和刑事侦查技术，在公共场所、交通枢纽、重要区域等地面区域密集铺设，具有提升刑侦效率与应急响应能力、加强社会安全与治安管理等重要作用。

天网具有密集架设的监控设备，系统需要处理海量实时采集数据与历史视频数据，因此，其运行精度和效率依赖于软件算法的智能度。视频物体分割技术应用于天网监控系统，不仅能够提升监控系统的智能化水平，还能在复杂环境下提高监控效率和分析精度。此外，视频物体分割技术用于历史数据处理和信息提取，可以辅助系统高效整理快速增长的视频存储数据，并进行结构化管理与存储，在最大限度保留有效信息的情况下减少系统的存储需求，实现计算资源与存储资源的平衡，使系统能够长期稳定运行。部分具体应用（图 7.7）介绍如下。

(a) 侦查监控

(b) 人群监控

(c) 交通监控

图 7.7　监控场景示例

资料来源：（a）https://pics0.baidu.com/feed/4034970a304e251ffd8ebaddb8bb0c1c7f3e5366.jpeg@f_auto?token=9336c9336a41a05cbc64ab8a1f14ef16

（1）刑事侦查：在刑事侦查中，视频物体分割技术能够将视频监控中的目标物体（如嫌疑人、车辆等）进行精确分割，并跟踪其运动轨迹，辅助侦查人员从大量的视频数据中快速提取出关键证据，为案件调查提供线索。

（2）异常预警：视频物体分割技术可以辅助监控系统进行及时的异常预警，提升公共安全管理的响应速度和准确性——通过视频分割对公共场所人群进行精准切分，可以检测到高风险场所（如广场、商场、窄巷等）人群分布过密情况；通过识别个体运动与相对位置，可以辅助识别异常行为（如奔跑、推搡、斗殴等）。

（3）交通监控：在交通监控中，视频物体分割技术可以实时感知路况、车辆、行人状态，对交通场景中的目标进行精准、实时的检测和分析，并通过有效识别和跟踪实现交通流量监控、车辆违停检测、事故预警等重要功能。

7.4.2　无人机遥感监控

无人机遥感监控系统利用低空无人机搭载可见光、红外、多光谱摄像头等传感器，进行地面监测和数据采集。由于无人机具有低成本、高灵活度、高安全性等优势，系统可以根据需求进行快速部署，调整飞行路径和飞行高度，实现任意环境条件下的高分辨率、高实时性遥感探测。因此，无人机遥感监控途径相较于遥感卫星、固定摄像头、人工探查等具有明显优势，已逐渐成为多种监测任务的首选工具，在诸多领域中发挥着重要作用。

在无人机遥感监控中，视频物体分割技术从无人机采集视频中自动分离并识别出特定的物体或区域，可以快速适配无固定类别的区域信息提取任务，为系统决策提供实时、准确的信息，具有多重优势。例如，通过自动化处理大规模数据，显著提高系统工作效率；通过在实时监控中的像素级动态目标追踪，增强监控的准确性和时效性；通过精确的目标分割，提供更为清晰和详尽的环境信息。部分具体应用（图 7.8）介绍如下。

（1）耕地监测：在耕地监测中，视频物体分割技术通过自动化地从无人机采集的高分辨率视频中分离出目标物体，帮助农业管理者实时监测和分析作物生长状态、土地利用变化、病虫害情况等，能够显著提高农业生产效率和管理精度；此外，通过分割识别出不同土地利用类型（如耕地、草地、建筑区等），也能够帮助农业管理者快速及时发现非法占用耕地等问题。

（2）矿区监测：物体分割技术可以从无人机巡飞视频中分离出矿山设备、矿石堆放、采掘区域等目标，帮助管理者实时监控开采过程中的异常，如设备故障、矿石堆积不规范等；也可以分割出废水排放区域等环境污染源，及时提供污染情况，为环境管理部门提供及时的信息反馈。

（3）灾害预警：在山区火灾、洪灾、山体滑坡等自然灾害的监测和预警任务中，视频物体分割技术通过分析无人机采集的实时视频流，能够快速识别灾害发生的动态场景，如火源、水位、山体当前位置等，提供及时预警，并提升灾害响应的效率与精准性。

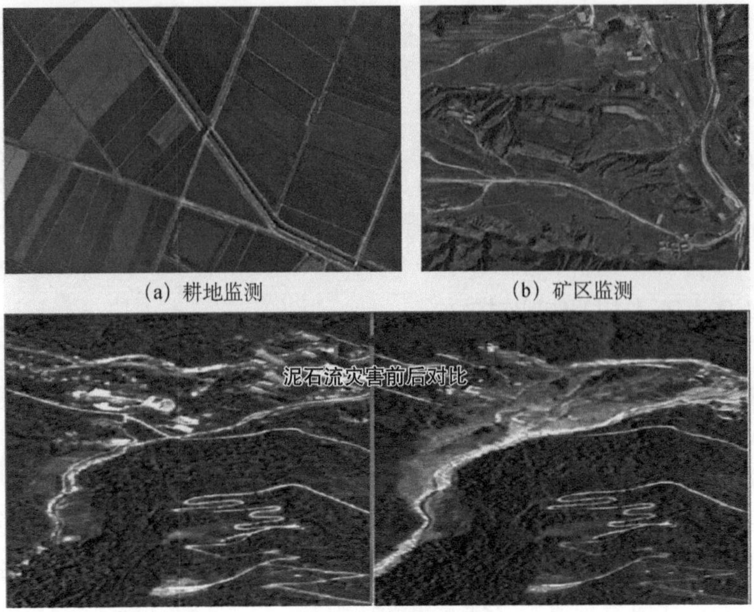

（a）耕地监测　　（b）矿区监测

（c）灾害预警

图 7.8　遥感影像示例

资料来源：（c）https://pics5.baidu.com/feed/86d6277f9e2f070811c1f2ff6cadd597ab01f2a5.jpeg@f_auto?token=3befdcdd8fca26c875a465dcde6bc423

7.5　视频物体分割在智能医疗中的应用实例

7.5.1　医学影像分析

医学影像分析通过先进的传感器探测得到医学影像，如计算机断层扫描（computed tomography，CT）、超声、磁共振成像（magnetic resonance imaging，MRI）等，并进行数据处理和解析，以帮助医生更准确地诊断疾病、制定治疗方案，是精准医疗的重要组成部分。在治疗阶段，医学影像分析技术能够在短时间内处理大量影像数据，发现人眼难以察觉的细微变化，摆脱经验主义和主观因素的影响，提高诊断的准确性；在药物研发阶段，医学影像分析技术能够提供精准的人体结构和功能演化信息，更好地锁定药物对病灶的影响，提升药物的研发效率和作用精准度。

医学影像分析领域融合了医学、计算机科学和人工智能等多学科技术，视频物体分割技术在其中占据重要地位。使用视频物体分割技术从动态视频序列中分离感兴趣的目标区域并提取其动态变化信息，有助于精准提取目标区域的空间和时间信息，在具有时间序列特性的医疗影像中分析出快速变化的时空信息，为精准医疗提供技术支持。部分具体应用（图 7.9）介绍如下。

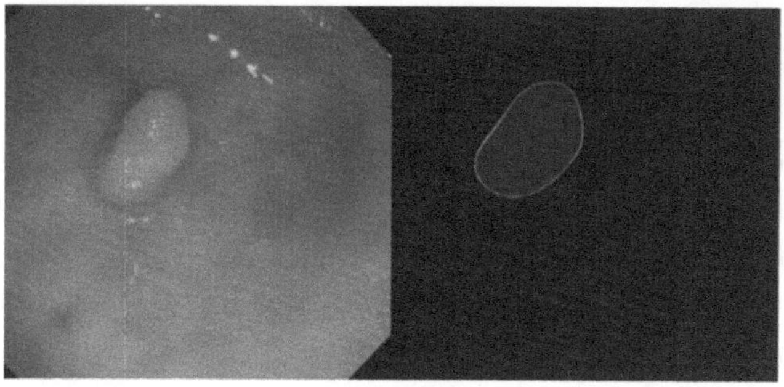

(a) 息肉识别

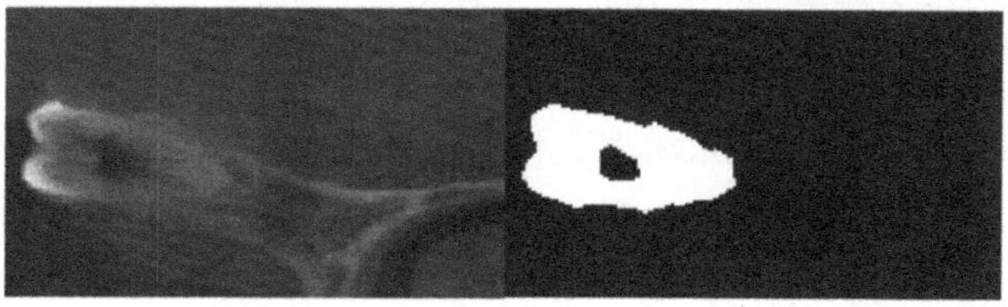

(b) 牙齿主体分割

图 7.9　医学影像分析示例

（1）心脏超声：心脏超声利用超声波检测心脏结构，常用于评估心脏病变、心功能状态等。在心脏超声中，视频物体分割技术通过对连续帧动态分析，能够自动分离心腔、心肌和瓣膜等关键解剖结构，并实时跟踪其运动。通过将算法结果转化为量化的心脏测量指标，可以提升心脏超声的自动化、精准性，降低人为误差，为医生提供更科学的诊疗依据。

（2）内窥镜：内窥镜通过体内腔道或小切口观察人体内部结构，广泛用于息肉、溃疡检测等消化道、泌尿系统疾病诊疗。视频物体分割技术应用于内窥镜，能够精准分离病变组织、溃烂黏膜等区域，为病情评估和疗效监测提供智能、高效、可视化的数据支持。

（3）动态核磁：动态核磁共振成像通过捕捉连续时间序列核磁图像来观察人体器官的动态变化影像，其具体用途包括心肌监测、肿瘤形态变化观察等。通过视频物体分割技术对时间序列中动态信息的精准提取，动态核磁成像内容识别分析能使边界更加清晰、变化连贯，为后续的疗效评估提供高效支撑。

（4）锥形束计算机断层扫描（cone beam CT，CBCT）：使用锥形 X 射线束旋转扫描，通过计算机重建三维图像，其测量过程中的录制视频常用于颞下颌关节运动等动态功能评估，以提升颌骨囊肿评估、复杂根管治疗、种植牙等手术的精度。通过视频物体分割技术对 CBCT 视频帧中的目标物体进行精确区分，可以辅助进行更精准的定位分析和术前规划，提升手术效率和安全性。

7.5.2 手术机器人

手术机器人结合机械工程、计算机技术等多领域尖端技术，通过高精度的机械臂和智能化的控制系统，辅助医生完成复杂的手术过程。例如，"达芬奇手术机器人系统"通过医生操控台、机械臂和高清摄像系统协同工作，可实现高精度的微创外科手术（图 7.10（a））。手术机器人的发展提升了手术精准性与稳定性，降低了医生的体力和精神负担，在推动外科手术技术革新的同时重塑了医疗行业的操作模式。随着网络传输技术和 AI 技术的进步，当前手术机器人逐渐向智能化、远程化方向发展，有望进一步拓展应用范围，对促进医疗资源平衡做出重大贡献。

视频物体分割技术是手术机器人发展的关键技术之一，它能够通过从复杂的手术视频中实时、精准地区分目标组织和手术器械，为医生提供精确的视觉引导和操作支持。视频物体分割算法结合了先进的深度学习和计算机视觉处理，具有精准识别、动态跟踪等优点，对提升手术安全性有重要作用，是实现手术机器人智能化和精准化的重要基础。部分具体应用列举如下。

（1）病灶定位：在手术机器人系统中，精确定位病变区域是实现高效、安全的手术中最重要一环。视频物体分割算法的引入，为这一任务提供了强大的技术支撑，算法在包含复杂器官、组织以及手术器械的视频中将肿瘤等异常区域与正常血管、组织区分开，并以清晰的分割边界标注出，为手术场景提供实时、精准的信息。

（2）术中导航：在手术中，机器人机械臂通常需要通过狭窄的人体通道、腔室以到达目标区域，这一过程需要精准的术中导航规划路径以防止造成额外损伤。在术中导航中，视频物体分割技术可以从机械臂摄像头拍摄的视频中快速分割出血管、神经、器官边界，定位手术器械并识别出可通行区域，可辅助指导机器人实现切割、缝合、电凝等复杂微操作的导航规划。

（3）增强现实视野辅助：人体组织器官大多具有类似的、容易混淆的颜色分布，因此，在手术中为真实视野叠加增强现实感知能够显著提升医生对手术现场的直观感知和操作精度。通过视频物体分割技术，手术机器人可以在增强现实的视野中叠加高精度的解剖信息，如病变组织、脆弱结构、风险区域的实时位置，使医生具有更精细化、智能化的视觉感知，最大限度避免误操作，增强手术的安全性（图 7.10（b））。

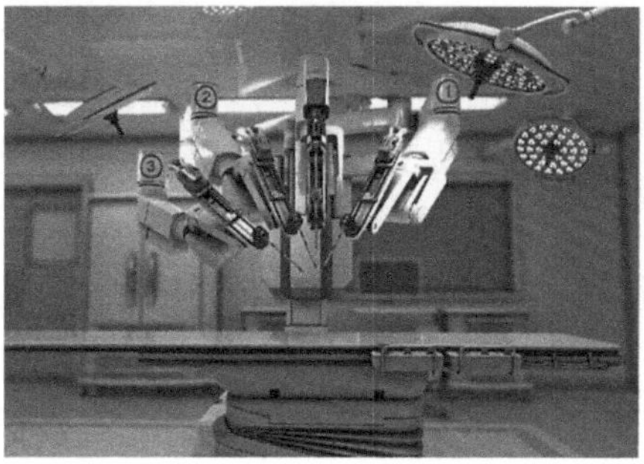

（a）达芬奇手术机器人

（b）黑龙江哈医大二院增强现实手术视野

图 7.10　应用示例：手术机器人

资料来源：（a）https://picx.zhimg.com/70/v2-44584d11c05a17d72b375e9f7ce18025_1440w.avis?source=172ae18b&biz_tag=Post

（b）https://mms2.baidu.com/it/u=25748394,1459510730&fm=253&app=120&f=JPEG?w=600&h=429

7.6　视频物体分割在自动驾驶中的应用实例

自动驾驶可利用先进传感器、高精度地图、人工智能算法、电控系统等实现车辆的自主行驶。随着激光雷达、雷达和摄像头等传感器的精度提高以及人工智能算法的高速迭代进步，自动驾驶技术已逐渐从实验室迈向现实，低层级的自动巡航和车道保持等技术已开始普及，高层级的整体智能驾驶方案也在逐步进行商业化落地，如百度推出的“萝卜快跑”自动驾驶出行服务，以自动驾驶出租车为核心，通过技术创新和规模化部署，为公众提供了便利的出行选择。自动驾驶技术的发展不仅能为行动不便的群体提供汽车驾驶的可能性，提升其生活便利性与社会参与感；还可以有效提升交通系统运行效率和安全性，对推动经济发展和智慧城市建设具有关键作用。

视频物体分割技术在自动驾驶中发挥着重要的作用。该技术结合了图像分割与视频帧间的时间信息，通过深度学习算法和光流分析，实现对移动目标和静态场景的高精度分割；可以为车辆提供精准的环境感知能力和动态目标跟踪能力，为车辆的道路标志识别、避障行驶与路径规划等功能提供细粒度的数据支撑。此外，视频物体分割技术的高时空一致性还能够提供更好的鲁棒性，使系统在雨雪雾等恶劣天气条件下仍具备自主驾驶的可能性，为车辆提供更安全、高效的核心感知。视频物体分割算法在自动驾驶中的部分具体应用（图 7.11）列举如下。

（1）道路场景分割：道路场景分割旨在将驾驶环境中的道路、车道线、交通标志、行人、车辆等元素按类别划分并标注，为路径规划和决策提供支持。视频物体分割技术通过像素级分离和时间信息利用，为道路场景分割增添了动态目标识别和时空一致性处理的能力，可以有效提升系统对复杂场景的理解能力。

（2）动态障碍物检测：动态障碍物检测目的在于识别并跟踪车辆周围的动态目标，如行人、宠物、电动车、三轮车等。视频物体分割技术可以实现精细化的动态区域捕捉，并精准描述动态物体形状和位置变化，在复杂场景下有效识别部分遮挡的动态目标，提升驾驶系统的安全性。

（3）行为预测：行为预测通过感知周围动态目标的状态和轨迹，预测其未来动作，为车辆提供更安全的行驶轨迹规划，是自动驾驶技术的核心环节之一。视频物体分割技术能够捕获动态目标的细节形状、姿态变化和运动轨迹，分析其行为动机和运动模式，可以为自动驾驶系统提供更长远、精准的预警，避免潜在危险。

（a）道路场景分割

（b）障碍物与可行驶区域识别

（c）行人轨迹预判[194]

图 7.11　相关任务示例

资料来源：（b）https://i.guancha.cn/bbs/2023/10/18/20231018213752388.jpg?imageView2/2/w/500/format/jpg

7.7 本章小结

实际应用对算法至关重要。只有在实际使用中，算法才能通过大量真实场景和复杂环境的数据进行性能、效率、鲁棒性的验证，获得进一步的优化，并取得实用价值的提升。此外，算法在工业中的成功落地也能够创造经济效益，推动行业技术升级和市场竞争力的提升。本章针对视频物体分割算法的诸多实际应用场景进行了设想和展开介绍，展示了算法在视频编辑、人机交互、智能监控、智能医疗、自动驾驶等领域的重要作用与应用前景，旨在促进理论研究与工程实践的结合，加速视频物体分割技术在实际场景中的转化与应用。

第 8 章　总结与展望

视频物体分割技术是计算机视觉领域的一项关键技术，使用视频物体分割技术从连续帧视频中识别和区分出特定物体（无须预先定义类别）的像素级别分割区域，实现对动态场景中物体的精准分割，不仅能够提升人机交互的智能化水平，还能推动智能监控、行为识别等领域的发展。视频物体分割技术在多个领域展现出广泛的应用潜力：在刑侦监控中，可用于自动跟踪可疑人员或物体；在智慧交通中，可用于实时识别和分离交通标志、交通参与者；在虚拟现实和增强现实中，可辅助实现虚拟元素与真实世界无缝融合。因此，视频物体分割技术的进步关乎各行业的发展，是一项需要长期关注钻研、持续积累突破的基础研究。

本书介绍了视频物体分割的几种经典技术与评价方式，包括基于运动光流、目标追踪、监督优化的视频物体分割与基于时空相关信息的分割结果无监督评价等，每种方法都有其独特的优缺点，适用于不同类型的场景和应用需求。随着终端设备计算能力的进步、大模型自标注数据可用性的提升，未来的视频物体分割技术将进一步向实时处理、自监督学习和跨模态融合等方向发展，以促进技术在实际应用领域的适配与落地。

参 考 文 献

[1] 郑南宁. 计算机视觉与模式识别[M]. 北京：国防工业出版社，1998.

[2] Ohashi T，Ikegami Y，Yamamoto K，et al. Video motion capture from the part confidence maps of multi-camera images by spatiotemporal filtering using the human skeletal model[C]//2018 IEEE/RSJ International Conference on Intelligent Robots and Systems（IROS），2018：4226-4231.

[3] Tian Y，Pang G S，Chen Y H，et al. Weakly-supervised video anomaly detection with robust temporal feature magnitude learning[C]//2021 IEEE/CVF International Conference on Computer Vision（ICCV）. IEEE，2021：4955-4966.

[4] Perazzi F，Pont-Tuset J，McWilliams B，et al. A benchmark dataset and evaluation methodology for video object segmentation[C]//2016 IEEE Conference on Computer Vision and Pattern Recognition（CVPR）. IEEE，2016：724-732.

[5] Makkar D，Malhotra M. Single image haze removal using dark channel prior[J]. International Journal of Engineering and Computer Science，2016，5（1）：15188-15191.

[6] Zhu Q S，Mai J M，Shao L. A fast single image haze removal algorithm using color attenuation prior[J]. IEEE Transactions on Image Processing，2015，24（11）：3522-3533.

[7] Chen X G. Image deblur in gradient domain[J]. Optical Engineering，2010，49（11）：117003.

[8] Ren W Q，Cao X C，Pan J S，et al. Image deblurring via enhanced low-rank prior[J]. IEEE Transactions on Image Processing，2016，25（7）：3426-3437.

[9] Achanta R，Shaji A，Smith K，et al. SLIC superpixels compared to state-of-the-art superpixel methods[J]. IEEE Transactions on Pattern Analysis and Machine Intelligence，2012，34（11）：2274-2282.

[10] Dosovitskiy A，Fischer P，Ilg E，et al. FlowNet：Learning optical flow with convolutional networks[C]//2015 IEEE International Conference on Computer Vision（ICCV）. IEEE，2015：2758-2766.

[11] Dogra J，Jain S，Sood M. Segmentation of MR images using hybrid kmean-graph cut technique[J]. Procedia Computer Science，2018，132：775-784.

[12] Ristic B，Arulampalam S，Gordon N. Beyond the Kalman Filter：Particle Filters for Tracking Applications[M]. Boston：Artech House，2003.

[13] Zhao M F，Chen H J，Song T，et al. Research on image matching based on improved RANSAC-SIFT algorithm[C]//2017 16th International Conference on Optical Communications and Networks（ICOCN）. IEEE，2017：1-3.

[14] Lin T Y，Goyal P，Girshick R，et al. Focal loss for dense object detection[J]. IEEE Transactions on Pattern Analysis and Machine Intelligence，2017，42（2）：318-327.

[15] Bochkovskiy A，Wang C Y，Liao H M. YOLOv4：Optimal speed and accuracy of object detection[J]. arXiv：2004.10934，2020.

[16] Ravi R，Yadhukrishna S V，Prithviraj R. A face expression recognition using CNN & LBP[C]// 2020 Fourth International Conference on Computing Methodologies and Communication（ICCMC）. IEEE，2020：684-689.

[17] Russakovsky O，Deng J，Su H，et al. ImageNet large scale visual recognition challenge[J]. International Journal of Computer Vision，2015，115（3）：211-252.

[18] Everingham M，Van Gool L，Williams C K I，et al. The pascal visual object classes（VOC）challenge[J]. International Journal of Computer Vision，2010，88（2）：303-338.

[19] Lin T，Maire M，Belongie S.J，et al. Microsoft COCO：Common objects in context[C]// 2014 13th European Conference on Computer Vision，2014：740-755.

[20] Geiger A，Lenz P，Urtasun R. Are we ready for autonomous driving? The KITTI vision benchmark suite[C]//2012 IEEE Conference on Computer Vision and Pattern Recognition. IEEE，2012：3354-3361.

[21] Caelles S，Pont-Tuset J，Perazzi F，et al. The 2019 DAVIS challenge on VOS：Unsupervised multi-object segmentation[J]. arXiv：1905.00737，2019.

[22] Venture Beat. OpenAI's Massive GPT-3 Model Is Impressive，But Size Isn't Everything [DB/OL]. [2020-07-01]. https://venturebeat.com/2020/06/01/ai-machine-learning-openai-gpt-3-size-isnt-everything/.

[23] Kirillov A，Mintun E，Ravi N，et al. Segment anything[C]//2023 IEEE/CVF International Conference on Computer Vision（ICCV）. IEEE，2023：4015-4026.

[24] Yen J C，Chang F J，Chang S. A new criterion for automatic multilevel thresholding[J]. IEEE Transactions on Image Processing，1995，4（3）：370-378.

[25] Son L H，Cuong B C，Lanzi P L，et al. A novel intuitionistic fuzzy clustering method for geo-demographic analysis[J]. Expert Systems with Applications，2012，39（10）：9848-9859.

[26] Tremeau A，Borel N. A region growing and merging algorithm to color segmentation[J]. Pattern

Recognition，1997，30（7）：1191-1203.

[27] Boykov Y Y，Jolly M P. Interactive graph cuts for optimal boundary & region segmentation of objects in N-D images[C]//Proceedings Eighth IEEE International Conference on Computer Vision，2001，1：105-112.

[28] Rother C，Kolmogorov V，Blake A. GrabCut：Interactive foreground extraction using iterated graph cuts[J]. ACM Transactions on Graphics，2023：593-598.

[29] Long J，Shelhamer E，Darrell T. Fully convolutional networks for semantic segmentation [C]//2015 IEEE Conference on Computer Vision and Pattern Recognition（CVPR）. IEEE，2015：3431-3440.

[30] Chen L C，Papandreou G，Kokkinos I，et al. Semantic image segmentation with deep convolutional nets and fully connected CRFs[J]. Computer Science，2014，（4）：357-361.

[31] Chen L C，Papandreou G，Kokkinos I，et al. DeepLab：Semantic image segmentation with deep convolutional nets，atrous convolution，and fully connected CRFs[J]. IEEE Transactions on Pattern Analysis and Machine Intelligence，2016，40（4）：834-848.

[32] Chen L C，Papandreou G，Schroff F，et al. Rethinking atrous convolution for semantic image segmentation[J]. arXiv：1706.05587，2017.

[33] Chen L，Zhu Y，Papandreou G，et al. Encoder-decoder with atrous separable convolution for semantic image segmentation[C]//Proceedings of the European Conference on Computer Vision，2018：801-818.

[34] Ronneberger O，Fischer P，Brox T. U-Net：Convolutional networks for biomedical image segmentation[C]//International Conference on Medical Image Computing and Computer-Assisted Intervention，2015：234-241.

[35] Zhou Z，Siddiquee M M R，Tajbakhsh N，et al. U-Net++：A nested U-Net architecture for medical image segmentation[C]//Deep Learning in Medical Image Analysis and Multimodal Learning for Clinical Decision Support，2018：3-11.

[36] Huang H M，Lin L F，Tong R F，et al. UNet 3+：A full-scale connected UNet for medical image segmentation[C]//2020 IEEE International Conference on Acoustics，Speech and Signal Processing（ICASSP）. IEEE，2020：1055-1059.

[37] Badrinarayanan V，Kendall A，Cipolla R. SegNet：A deep convolutional encoder-decoder architecture for image segmentation[J]. IEEE Transactions on Pattern Analysis and Machine Intelligence，39（12）：2481-2495.

[38] Cheng B W，Misra I，Schwing A G，et al. Masked-attention mask transformer for universal

image segmentation[C]//2022 IEEE/CVF Conference on Computer Vision and Pattern Recognition（CVPR）. IEEE，2022：1280-1289.

[39] Guo M H，Lu C Z，Hou Q，et al. SegNeXt：Rethinking convolutional attention design for semantic segmentation[C]//36th Conference on Neural Information Processing Systems，2022：1140-1155.

[40] Jiang K，Wang Z Y，Wang Z，et al. DANet：Image deraining via dynamic association learning[C]//Proceedings of the Thirty-First International Joint Conference on Artificial Intelligence，2022：980-986.

[41] Zhao H S，Shi J P，Qi X J，et al. Pyramid scene parsing network[C]//2017 IEEE Conference on Computer Vision and Pattern Recognition（CVPR）. IEEE，2017：6230-6239.

[42] Papazoglou A，Ferrari V. Fast object segmentation in unconstrained video[C]//2013 IEEE International Conference on Computer Vision. IEEE，2013：1777-1784.

[43] Wang W G，Shen J B，Porikli F. Saliency-aware geodesic video object segmentation[C]//2015 IEEE Conference on Computer Vision and Pattern Recognition（CVPR）. IEEE，2015：3395-3402.

[44] Piccardi M. Background subtraction techniques：A review[C]//2004 IEEE International Conference on Systems，Man and Cybernetics. IEEE，2004，4：3099-3104.

[45] Jang W，Lee C，Kim C. Primary object segmentation in videos via alternate convex optimization of foreground and background distributions[C]//2016 IEEE Conference on Computer Vision and Pattern Recognition，2016：1034-1042.

[46] Koh Y J，Kim C S. Primary object segmentation in videos based on region augmentation and reduction[C]//2017 IEEE Conference on Computer Vision and Pattern Recognition（CVPR）. IEEE，2017：7417-7425.

[47] Koh Y J，Lee Y，Kim C. Sequential clique optimization for video object segmentation[C]//Proceedings of the European Conference on Computer Vision，2018：517-533.

[48] Wang W G，Song H M，Zhao S Y，et al. Learning unsupervised video object segmentation through visual attention[C]//2019 IEEE/CVF Conference on Computer Vision and Pattern Recognition（CVPR）. IEEE，2019：3059-3069.

[49] Tokmakov P，Alahari K，Schmid C. Learning motion patterns in videos[C]//2017 IEEE Conference on Computer Vision and Pattern Recognition（CVPR）. IEEE，2017：3386-3394.

[50] Yang Z，Wang Q，Bertinetto L，et al. Anchor diffusion for unsupervised video object segmentation[C]//2019 IEEE/CVF International Conference on Computer Vision（ICCV）. IEEE，2019：931-940.

[51] Song H，Wang W，Zhao S，et al. Pyramid dilated deeper ConvLSTM for video salient object detection[C]//Proceedings of the European Conference on Computer Vision，2018：715-731.

[52] Wang W G，Lu X K，Shen J B，et al. Zero-shot video object segmentation *via* attentive graph neural networks[C]//2019 IEEE/CVF International Conference on Computer Vision（ICCV）. IEEE，2019：9235-9244.

[53] Ren S，Liu W，Liu Y，et al. Reciprocal Transformations for Unsupervised Video Object Segmentation[C]//2021 IEEE/CVF Conference on Computer Vision and Pattern Recognition，2021：15453-15462.

[54] Fan J Q，Su T K，Zhang K H，et al. Bidirectionally learning dense spatio-temporal feature propagation network for unsupervised video object segmentation[C]//Proceedings of the 30th ACM International Conference on Multimedia. ACM，2022：3646-3655.

[55] Jain S D，Xiong B，Grauman K. FusionSeg：Learning to combine motion and appearance for fully automatic segmentation of generic objects in videos[C]//2017 IEEE Conference on Computer Vision and Pattern Recognition（CVPR）. IEEE，2017：2117-2126.

[56] Brox T，Malik J. Object segmentation by long term analysis of point trajectories[C]//Proceedings of the European Conference on Computer Vision，2010：282-295.

[57] Jang W D，Kim C S. Semi-supervised video object segmentation using multiple random walkers[C]//27th British Machine Vision Conference，2016：1-13.

[58] Jain S D，Grauman K. Supervoxel-consistent foreground propagation in video[C]//13th European Conference on Computer Vision，2014：656-671.

[59] Caelles S，Maninis K K，Pont-Tuset J，et al. One-shot video object segmentation[C]//2017 IEEE Conference on Computer Vision and Pattern Recognition（CVPR）. IEEE，2016：2217-2225.

[60] Li X，Loy C.C. Video object segmentation with joint re-identification and attention-aware mask propagation[C]//Proceedings of the European Conference on Computer Vision，2018：90-105.

[61] Luiten J，Voigtlaender P，Leibe B. PReMVOS：Proposal-generation，refinement and merging for video object segmentation[C]//14th Asian Conference on Computer Vision，2018：565-580.

[62] Voigtlaender P，Leibe B. Adaptation of convolutional neural networks for the 2017 DAVIS challenge on video object segmentation[C]//2017 IEEE Conference on Computer Vision and Pattern Recognition Workshops，2017：518-525.

[63] Perazzi F，Khoreva A，Benenson R，et al. Learning video object segmentation from static images[C]//2017 IEEE Conference on Computer Vision and Pattern Recognition（CVPR）.

IEEE，2017：2663-2672.

[64] Oh S W，Lee J Y，Sunkavalli K，et al. Fast video object segmentation by reference-guided mask propagation[C]//2018 IEEE/CVF Conference on Computer Vision and Pattern Recognition. IEEE，2018：7376-7385.

[65] Chen Y H，Pont-Tuset J，Montes A，et al. Blazingly fast video object segmentation with pixel-wise metric learning[C]//2018 IEEE/CVF Conference on Computer Vision and Pattern Recognition. IEEE，2018：1189-1198.

[66] Hu Y，Huang J，Schwing A.G. VideoMatch：Matching based video object segmentation[C]// Proceedings of the European Conference on Computer Vision，2018：54-70.

[67] Voigtlaender P，Chai Y N，Schroff F，et al. FEELVOS：Fast end-to-end embedding learning for video object segmentation[C]//2019 IEEE/CVF Conference on Computer Vision and Pattern Recognition（CVPR）. IEEE，2019：9473-9482.

[68] Oh S W，Lee J Y，Xu N，et al. Video object segmentation using space-time memory networks[C]//2019 IEEE/CVF International Conference on Computer Vision（ICCV）. IEEE，2019：9225-9234.

[69] Price B L，Morse B S，Cohen S. LIVEcut：Learning-based interactive video segmentation by evaluation of multiple propagated cues[C]//2009 IEEE 12th International Conference on Computer Vision. IEEE，2009：779-786.

[70] Wang J，Bhat P，Colburn A，et al. Interactive Video Cutout[J]. ACM Transactions on Graphics，2005，24（3）：585-594.

[71] Bai X，Wang J，Simons D，et al. Video SnapCut：Robust video object cutout using localized classifiers[J]. ACM Transactions on Graphics，2009，28（3）：1-11.

[72] Zhong F，Qin X Y，Peng Q S，et al. Discontinuity-aware video object cutout[J]. ACM Transactions on Graphics，2012，31（6）：1-10.

[73] Agarwala A，Hertzmann A，Salesin D H，et al. Keyframe-based tracking for rotoscoping and animation[J]. ACM Transactions on Graphics，2004，23（3）：584-591.

[74] Li W B，Viola F，Starck J，et al. Roto++：Accelerating professional rotoscoping using shape manifolds[J]. ACM Transactions on Graphics，2016，35（4）：1-15.

[75] Benard A，Gygli M. Interactive video object segmentation in the wild[EB/OL]. arXiv：1801.00269，2017.

[76] Heo Y. Interactive video object segmentation using sparse-to-dense networks[C]//IEEE Conference on Computer Vision and Pattern Recognition Workshops，2019，2（3）：6.

[77] Oh S W，Lee J Y，Xu N，et al. Fast user-guided video object segmentation by interaction-

and-propagation networks[C]//2019 IEEE/CVF Conference on Computer Vision and Pattern Recognition（CVPR）. IEEE，2019：5242-5251.

[78] Miao J X，Wei Y C，Yang Y. Memory aggregation networks for efficient interactive video object segmentation[C]//2020 IEEE/CVF Conference on Computer Vision and Pattern Recognition（CVPR）. IEEE，2020：10363-10372.

[79] Chen C Y，Seff A，Kornhauser A，et al. DeepDriving：Learning affordance for direct perception in autonomous driving[C]//2015 IEEE International Conference on Computer Vision（ICCV）. IEEE，2015：2722-2730.

[80] Ros G，Ramos S，Granados M，et al. Vision-based offline-online perception paradigm for autonomous driving[C]//2015 IEEE Winter Conference on Applications of Computer Vision. IEEE，2015：231-238.

[81] Tian Y L，Lu M，Hampapur A. Robust and efficient foreground analysis for real-time video surveillance[C]//2005 IEEE Computer Society Conference on Computer Vision and Pattern Recognition（CVPR'05）. IEEE，2005，1：1182-1187.

[82] Cohen I，Medioni G. Detecting and tracking moving objects for video surveillance[C]//1999 IEEE Computer Society Conference on Computer Vision and Pattern Recognition. IEEE，1999，2：319-325.

[83] Junejo I N，Javed O，Shah M. Multi-feature path modeling for video surveillance[C]//Proceedings of the 17th International Conference on Pattern Recognition，2004，2：716-729.

[84] Anderson R，Gallup D，Barron J T，et al. JUMP：Virtual reality video[J]. ACM Transactions on Graphics，2016，35（6）.

[85] Tsai Y H，Yang M H，Black M J. Video segmentation via object flow[C]//2016 IEEE Conference on Computer Vision and Pattern Recognition（CVPR）. IEEE，2016：3899-3908.

[86] Butler D J，Wulff J，Stanley G B，et al. A naturalistic open source movie for optical flow evaluation[C]//12th European Conference on Computer Vision，2012：611-625.

[87] Mayer N，Ilg E，Hausser P，et al. A large dataset to train convolutional networks for disparity，optical flow，and scene flow estimation[C]//2016 IEEE Conference on Computer Vision and Pattern Recognition（CVPR）. IEEE，2016：4040-4048.

[88] Baker S，Scharstein D，Lewis J P，et al. A database and evaluation methodology for optical flow[J]. International Journal of Computer Vision，2011，92（1）：1-31.

[89] Brox T，Malik J. Large displacement optical flow：Descriptor matching in variational motion estimation[J]. IEEE Transactions on Pattern Analysis and Machine Intelligence，2010，33（3）：500-513.

[90] Sun D Q，Roth S，Black M J. A quantitative analysis of current practices in optical flow estimation and the principles behind them[J]. International Journal of Computer Vision，2014，106（2）：115-137.

[91] Weinzaepfel P，Revaud J，Harchaoui Z，et al. DeepFlow：Large displacement optical flow with deep matching[C]//2013 IEEE International Conference on Computer Vision. IEEE，2013：1385-1392.

[92] Revaud J，Weinzaepfel P，Harchaoui Z，et al. EpicFlow：Edge-preserving interpolation of correspondences for optical flow[C]//2015 IEEE Conference on Computer Vision and Pattern Recognition（CVPR）. IEEE，2015：1164-1172.

[93] Bao L C，Yang Q X，Jin H L. Fast edge-preserving PatchMatch for large displacement optical flow[C]//2014 IEEE Conference on Computer Vision and Pattern Recognition. IEEE，2014：3534-3541.

[94] Rosenbaum D，Zoran D，Weiss Y，et al. Learning the local statistics of optical flow[C]//Proceedings of the 27th International Conference on Neural Information Processing Systems. ACM，2013：2373-2381.

[95] Wulff J，Black M J. Efficient sparse-to-dense optical flow estimation using a learned basis and layers[C]//2015 IEEE Conference on Computer Vision and Pattern Recognition（CVPR）. IEEE，2015：120-130.

[96] Chang J，Fisher J W. Topology-constrained layered tracking with latent flow[C]//2013 IEEE International Conference on Computer Vision. IEEE，2013：161-168.

[97] Sun D Q，Wulff J，Sudderth E B，et al. A fully-connected layered model of foreground and background flow[C]//Proceedings of the 2013 IEEE Conference on Computer Vision and Pattern Recognition，2013：2451-2458.

[98] Liu C. Beyond pixels：Exploring new representations and applications for motion analysis[D]. Cambridge：Massachusetts Institute of Technology，2009.

[99] He K M，Zhang X Y，Ren S Q，et al. Deep residual learning for image recognition[C]//2016 IEEE Conference on Computer Vision and Pattern Recognition（CVPR）. IEEE，2016：770-778.

[100] Xie S N，Tu Z W. Holistically-nested edge detection[C]//2015 IEEE International Conference on Computer Vision（ICCV）. IEEE，2015：1395-1403.

[101] Yu Z T，Li X B，Shi J G，et al. Revisiting pixel-wise supervision for face anti-spoofing[J]. IEEE Transactions on Biometrics，Behavior，and Identity Science，2021，3（3）：285-295.

[102] Taylor B，Karasev V，Soattoc S. Causal video object segmentation from persistence of occlusions[C]//2015 IEEE Conference on Computer Vision and Pattern Recognition（CVPR）. IEEE，2015：4268-4276.

[103] Lee Y J，Kim J，Grauman K，et al. Key-segments for video object segmentation[C]// Proceedings of the 2011 International Conference on Computer Vision，2011：1995-2002.

[104] Faktor A，Irani M. Video segmentation by non-local consensus voting[C]//Proceedings of the British Machine Vision Conference，2014，2（7）：8.

[105] Marki N，Perazzi F，Wang O，et al. Bilateral space video segmentation[C]//2016 IEEE Conference on Computer Vision and Pattern Recognition（CVPR）. IEEE，2016：743-751.

[106] Khoreva A，Benenson R，Ilg E，et al. Lucid data dreaming for video object segmentation[J]. International Journal of Computer Vision，2019，127（9）：1175-1197.

[107] Caelles S，Maninis K K. Online adaptation of convolutional neural networks for video object segmentation[C]//Proceedings of the British Machine Vision Conference，2017，（89）：1-12.

[108] Cheng J C，Tsai Y H，Wang S J，et al. SegFlow：Joint learning for video object segmentation and optical flow[C]//2017 IEEE International Conference on Computer Vision（ICCV）. IEEE，2017：686-695.

[109] Jang W D，Kim C S. Online video object segmentation via convolutional trident network[C]// Proceedings of the IEEE conference on computer vision and pattern recognition，2017：5849-5858.

[110] Jampani V，Gadde R，Gehler P V. Video propagation networks[C]//2017 IEEE Conference on Computer Vision and Pattern Recognition（CVPR）. IEEE，2017：451-461.

[111] Pont-Tuset J，Perazzi F，Caelles S，et al. The 2017 DAVIS challenge on video object segmentation[J]. arXiv：1704.00675，2017.

[112] Chen X，Li Z，Yuan Y，et al. State-aware tracker for real-time video object segmentation[C]// IEEE/CVF Conference on Computer Vision and Pattern Recognition，2020：9381-9390.

[113] Tsai Y H，Zhong G，Yang M H. Semantic co-segmentation in videos[C]//Proceedings of European Conference on Computer Vision，2016：760-775.

[114] Nam H，Han B. Learning multi-domain convolutional neural networks for visual tracking[C]//2016 IEEE Conference on Computer Vision and Pattern Recognition（CVPR）. IEEE，2016：4293-4302.

[115] Bolme D，Beveridge J R，Draper B A，et al. Visual object tracking using adaptive correlation filters[C]//2010 IEEE Computer Society Conference on Computer Vision and Pattern

Recognition. IEEE，2010：2544-2550.

[116] Henriques J F，Caseiro R，Martins P，et al. High-speed tracking with kernelized correlation filters[J]. IEEE Transactions on Pattern Analysis and Machine Intelligence，2015，37（3）：583-596.

[117] Ma C，Huang J B，Yang X K，et al. Hierarchical convolutional features for visual tracking[C]// Proceedings of the 2015 IEEE International Conference on Computer Vision（ICCV）. ACM，2015：3074-3082.

[118] Dalal N，Triggs B. Histograms of oriented gradients for human detection[C]//2005 IEEE Computer Society Conference on Computer Vision and Pattern Recognition（CVPR'05）. IEEE，2005，1：886-893.

[119] Tao R，Gavves E，Smeulders A W M. Siamese instance search for tracking[C]//2016 IEEE Conference on Computer Vision and Pattern Recognition（CVPR）. IEEE，2016：1420-1429.

[120] Bertinetto L，Valmadre J，Henriques J F，et al. Fully-convolutional siamese networks for object tracking[C]//Proceedings of European Conference on Computer Vision，2016：850-865.

[121] Liu T，Wang G，Yang Q X. Real-time part-based visual tracking via adaptive correlation filters[C]//2015 IEEE Conference on Computer Vision and Pattern Recognition（CVPR）. IEEE，2015：4902-4912.

[122] He K M，Gkioxari G，Dollar P，et al. Mask RCNN[C]//2017 IEEE International Conference on Computer Vision（ICCV）. IEEE，2017：2961-2969.

[123] Dai J F，He K M，Sun J. Instance-aware semantic segmentation via multi-task network cascades[C]//2016 IEEE Conference on Computer Vision and Pattern Recognition（CVPR）. IEEE，2016：3150-3158.

[124] Babenko B，Yang M H，Belongie S. Visual tracking with online multiple instance learning[C]//2009 IEEE Conference on Computer Vision and Pattern Recognition. IEEE，2009：983-990.

[125] Liu W，Anguelov D，Erhan D，et al. SSD：Single shot multibox detector[C]// Proceedings of European Conference on Computer Vision，2016：21-37.

[126] Danelljan M，Bhat G，Khan F S，et al. ECO：Efficient convolution operators for tracking[C]// Proceedings of the IEEE Conference on Computer Vision and Pattern Recognition，2017：6638-6646.

[127] Tokmakov P，Alahari K，Schmid C. Learning video object segmentation with visual memory[C]//2017 IEEE International Conference on Computer Vision（ICCV）. IEEE，2017：

4481-4490.

[128] Li X，Qi Y，Wang Z，et al. Video object segmentation with re-identification[J]. arXiv：1708.00197，2017.

[129] Cheng J，Liu S，Tsai Y H，et al. Learning to segment instances in videos with spatial propagation network[J]. arXiv：1709.04609，2017.

[130] Maninis K K，Caelles S，Chen Y，et al. Video object segmentation without temporal information[J]. IEEE Transactions on Pattern Analysis and Machine Intelligence，2019，41（6）：1515-1530.

[131] Ventura C，Bellver M，Girbau A，et al. RVOS：End-to-end recurrent network for video object segmentation[C]//2019 IEEE/CVF Conference on Computer Vision and Pattern Recognition（CVPR）. IEEE，2019：5272-5281.

[132] Chollet F. Xception：Deep learning with depthwise separable convolutions[C]//2017 IEEE Conference on Computer Vision and Pattern Recognition（CVPR）. IEEE，2017：1800-1807.

[133] Fan Z M，Xia W J，Liu X，et al. Detection and segmentation of underwater objects from forward-looking sonar based on a modified Mask RCNN[J]. Signal，Image and Video Processing，2021，15（6）：1135-1143.

[134] Charles R Q，Hao S，Mo K C，et al. PointNet：Deep learning on point sets for 3D classification and segmentation[C]//2017 IEEE Conference on Computer Vision and Pattern Recognition（CVPR）. IEEE，2017：77-85.

[135] Prest A，Leistner C，Civera J，et al. Learning object class detectors from weakly annotated video[C]//2012 IEEE Conference on Computer Vision and Pattern Recognition. IEEE，2012：3282-3289.

[136] Richter S R，Vineet V，Roth S，et al. Playing for data：Ground truth from computer games[C]//European Conference on Computer Vision，2016：102-118.

[137] Varol G，Romero J，Martin X，et al. Learning from synthetic humans[C]// Proceedings of the IEEE Conference on Computer Vision and Pattern Recognition，2017：109-117.

[138] Chen W Z，Wang H，Li Y Y，et al. Synthesizing training images for boosting human 3D pose estimation[C]//2016 Fourth International Conference on 3D Vision（3DV）. IEEE，2016：479-488.

[139] Georgakis G，Mousavian A，Berg A C，et al. Synthesizing training data for object detection in indoor scenes[J]. arXiv：1702.07836，2017.

[140] Tang S Y，Andriluka M，Milan A，et al. Learning people detectors for tracking in crowded scenes[C]//2013 IEEE International Conference on Computer Vision. IEEE，2013：1049-

1056.

[141] Park D，Ramanan D. Articulated pose estimation with tiny synthetic videos[C]//2015 IEEE Conference on Computer Vision and Pattern Recognition Workshops（CVPRW）. IEEE，2015：58-66.

[142] Ren S，He K，Girshick R，et al. Faster R-CNN：Towards real-time object detection with region proposal networks[C]// Advances in Neural Information Processing Systems（NIPS），2015：91-99.

[143] Bao L C，Wu B Y，Liu W. CNN in MRF：Video object segmentation via inference in a CNN-based higher-order spatio-temporal MRF[C]//2018 IEEE/CVF Conference on Computer Vision and Pattern Recognition. IEEE，2018：5977-5986.

[144] Cheng J C，Tsai Y H，Hung W C，et al. Fast and accurate online video object segmentation via tracking parts[C]//2018 IEEE/CVF Conference on Computer Vision and Pattern Recognition. IEEE，2018：7415-7424.

[145] Zheng S，Jayasumana S，Romera-Paredes B，et al. Conditional random fields as recurrent neural networks[C]//Proceedings of the 2015 IEEE International Conference on Computer Vision（ICCV）. ACM，2015：1529-1537.

[146] Lin T Y，Dollar P，Girshick R，et al. Feature pyramid networks for object detection[C]//2017 IEEE Conference on Computer Vision and Pattern Recognition（CVPR）. IEEE，2017：2117-2125.

[147] Xie S N，Girshick R，Dollar P，et al. Aggregated residual transformations for deep neural networks[C]//2017 IEEE Conference on Computer Vision and Pattern Recognition（CVPR）. IEEE，2017：1492-1500.

[148] Maini R，Aggarwal D H. Study and comparison of various image edge detection techniques[J]. International Journal of Image Processing，2011：1-11.

[149] Chapelle O，Wu M R. Gradient descent optimization of smoothed information retrieval metrics[J]. Information Retrieval，2010，13（3）：216-235.

[150] Chen L C，Barron J T，Papandreou G，et al. Semantic image segmentation with task-specific edge detection using CNNs and a discriminatively trained domain transform[C]//2016 IEEE Conference on Computer Vision and Pattern Recognition（CVPR）. IEEE，2016：4545-4554.

[151] Liu Y，Cheng M M，Hu X W，et al. Richer convolutional features for edge detection[C]//2017 IEEE Conference on Computer Vision and Pattern Recognition（CVPR）. IEEE，2017：3000-3009.

[152] Perazzi F，Wang O，Gross M，et al. Fully connected object proposals for video segmentation

[C]//2015 IEEE International Conference on Computer Vision（ICCV）. IEEE，2015：3227-3234.

[153] Wang W，Shen J，Xie J，et al. Super-trajectory for video segmentation[C]// Proceedings of the IEEE International Conference on Computer Vision，2017：1671-1679.

[154] Chandra S，Couprie C，Kokkinos I. Deep spatio-temporal random fields for efficient video segmentation[C]//2018 IEEE/CVF Conference on Computer Vision and Pattern Recognition. IEEE，2018：8915-8924.

[155] Lao D，Sundaramoorthi G. Extending layered models to 3D motion[C]// Proceedings of the European Conference on Computer Vision，2018：435-451.

[156] Krähenbühl P，Koltun V，Krähenbühl P，et al. Efficient inference in fully connected CRFs with Gaussian edge potentials[C]//Proceedings of the 25th International Conference on Neural Information Processing Systems. ACM，2011：109-117.

[157] Cheng T，Wang X，Huang L，et al. Boundary-preserving Mask R-CNN[C]// 16th European Conference on Computer Vision，2020：660-676.

[158] Takikawa T，Acuna D，Jampani V，et al. Gated-SCNN：Gated shape CNNs for semantic segmentation[C]//2019 IEEE/CVF International Conference on Computer Vision（ICCV）. IEEE，2019：5229-5238.

[159] Liang J，Homayounfar N，Ma W C，et al. PolyTransform：Deep polygon transformer for instance segmentation[C]//2020 IEEE/CVF Conference on Computer Vision and Pattern Recognition（CVPR）. IEEE，2020：9131-9140.

[160] Yuan Y，Xie J，Chen X，et al. SegFix：Model-agnostic boundary refinement for segmentation [C]//16th European Conference on Computer Vision，2020：489-506.

[161] Kirillov A，Wu Y X，He K M，et al. PointRend：Image segmentation As rendering[C]//2020 IEEE/CVF Conference on Computer Vision and Pattern Recognition（CVPR）. IEEE，2020：9799-9808.

[162] Farabet C，Couprie C，Najman L，et al. Learning hierarchical features for scene labeling[J]. IEEE Transactions on Pattern Analysis and Machine Intelligence，2013，35（8）：1915-1929.

[163] Pinheiro P O，Collobert R，Pinheiro P O，et al. Recurrent convolutional neural networks for scene labeling[C]//Proceedings of the 31st International Conference on International Conference on Machine Learning，2014：I-82-I-90.

[164] Eigen D，Fergus R. Predicting depth，surface normals and semantic labels with a common multi-scale convolutional architecture[C]//2015 IEEE International Conference on Computer

Vision（ICCV）. IEEE，2015：2650-2658.

[165] Georgii H O. Gibbs measures and phase transitions[M]. 2nd ed. Berlin：De Gruyter，2011.

[166] Lafferty J，McCallum A，Pereira F. Conditional random fields：Probabilistic models for segmenting and labeling sequence data[C]//18th International Conference on Machine Learning，2001：282-289.

[167] Koller D，Friedman N. Probabilistic Graphical Models：Principles and Techniques[M]. Cambridge：MIT Press，2009.

[168] Teichmann M T T，Cipolla R. Convolutional CRFs for semantic segmentation[J]. arVix：1805.04777，2018.

[169] Everingham M，Ali Eslami S M，Van Gool L，et al. The pascal visual object classes challenge：Aretrospective[J]. International Journal of Computer Vision，2015，111（1）：98-136.

[170] Sun D Q，Yang X D，Liu M Y，et al. PWC-net：CNNs for optical flow using pyramid，warping，and cost volume[C]//2018 IEEE/CVF Conference on Computer Vision and Pattern Recognition. IEEE，2018：8934-8943.

[171] Huang C，Wu Q B，Meng F M. QualityNet：Segmentation quality evaluation with deep convolutional networks[C]//2016 Visual Communications and Image Processing（VCIP）. IEEE，2016：1-4.

[172] Meng F M，Guo L L，Wu Q B，et al. A new deep segmentation quality assessment network for refining bounding box based segmentation[J]. IEEE Access，2019，7：59514-59523.

[173] Shi W，Meng F M，Wu Q B. Segmentation quality evaluation based on multi-scale convolutional neural networks[C]//2017 IEEE Visual Communications and Image Processing（VCIP）. IEEE，2017：1-4.

[174] Liu J，Yang Y H. Multiresolution color image segmentation[J]. IEEE Transactions on Pattern Analysis and Machine Intelligence，1994，16（7）：689-700.

[175] Ramakanth S A，Babu R V. SeamSeg：Video object segmentation using patch seams[C]//2014 IEEE Conference on Computer Vision and Pattern Recognition. IEEE，2014：376-383.

[176] Fan Q N，Zhong F，Lischinski D，et al. JumpCut：Non-successive mask transfer and interpolation for video cutout[J]. ACM Transactions on Graphics，2015，34（6）：1-10.

[177] Grundmann M，Kwatra V，Han M，et al. Efficient hierarchical graph-based video segmentation[C]//2010 IEEE Computer Society Conference on Computer Vision and Pattern Recognition. IEEE，2010：2141-2148.

[178] Johnander J，Danelljan M，Brissman E，et al. A generative appearance model for end-to-end video object segmentation[C]//2019 IEEE/CVF Conference on Computer Vision and

Pattern Recognition（CVPR）. IEEE，2019：8953-8962.

[179] Khoreva A，Rohrbach A，Schiele B. Video object segmentation with language referring expressions[C]//Asian Conference on Computer Vision，2018：123-141.

[180] Meinhardt T，Leal-Taixé L. Make one-shot video object segmentation efficient again[J]. Advances in Neural Information Processing Systems，2020，33：10607-10619.

[181] Seong H，Hyun J，Kim E. Kernelized memory network for video object segmentation[C]// 16th European Conference on Computer Vision，2020：629-645.

[182] Yoon J S，Rameau F，Kim J，et al. Pixel-level matching for video object segmentation using convolutional neural networks[C]//2017 IEEE International Conference on Computer Vision（ICCV）. IEEE，2017：2167-2176.

[183] Wang Q，Zhang L，Bertinetto L，et al. Fast online object tracking and segmentation：A unifying approach[C]//2019 IEEE/CVF Conference on Computer Vision and Pattern Recognition（CVPR）. IEEE，2019：1328-1338.

[184] Frag kiadaki K，Zhang G，Shi J B. Video segmentation by tracing discontinuities in a trajectory embedding[C]// Proceedings of the 2012 IEEE Conference on Computer Vision and Pattern Recognition（CVPR），2012：1846-1853.

[185] Griffin B，Corso J. Tukey-inspired video object segmentation[C]//2019 IEEE Winter Conference on Applications of Computer Vision（WACV）. IEEE，2019：1723-1733.

[186] Keuper M，Andres B，Brox T. Motion trajectory segmentation via minimum cost multicuts [C]//2015 IEEE International Conference on Computer Vision（ICCV）. IEEE，2015：3271-3279.

[187] Ochs P，Brox T. Object segmentation in video：A hierarchical variational approach for turning point trajectories into dense regions[C]//2011 International Conference on Computer Vision. IEEE，2011：1583-1590.

[188] Dai J，Li Y，He K，et al. R-FCN：Object detection via region-based fully convolutional networks//Proceedings of the 30th International Conference on Neural Information Processing Systems，2016：379-387.

[189] Ilg E，Mayer N，Saikia T，et al. FlowNet 2.0：Evolution of optical flow estimation with deep networks[C]//2017 IEEE Conference on Computer Vision and Pattern Recognition（CVPR）. IEEE，2017：2462-2470.

[190] Cheng H K，Tai Y W，Tang C K. Modular interactive video object segmentation：Interaction-to-mask，propagation and difference-aware fusion[C]//2021 IEEE/CVF Conference on Computer Vision and Pattern Recognition（CVPR）. IEEE，2021：5555-5564.

[191] Cheng H K，Tai Y W，Tang C K. Rethinking spacetime networks with improved memory coverage for efficient video object segmentation[C]//Advances in Neural Information Processing Systems，Virtual Conference，2021，34：11781-11794.

[192] Seong H，Oh S W，Lee J Y，et al. Hierarchical memory matching network for video object segmentation[C]//2021 IEEE/CVF International Conference on Computer Vision（ICCV）. IEEE，2021：12889-12898.

[193] Xu N，Yang L，Fan Y，et al. YouTube-VOS：Sequence-to-sequence video object segmentation [C]//Proceedings of the European conference on computer vision，2018：585-601.

[194] Yagi T，Mangalam K，Yonetani R，et al. Future person localization in first-person videos[C]// 2018 IEEE/CVF Conference on Computer Vision and Pattern Recognition. IEEE，2018：7593-7602.

彩　　图

(a) 图像分割

(b) 视频物体分割

图 1.4　图像分割与视频物体分割的联系与区别示例

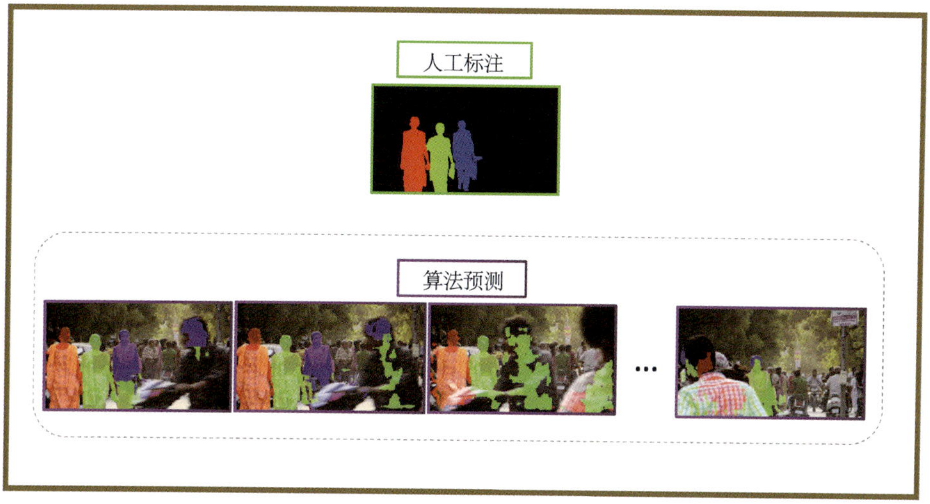

(a) 非交互式视频物体分割算法：算法预测独立于标注训练

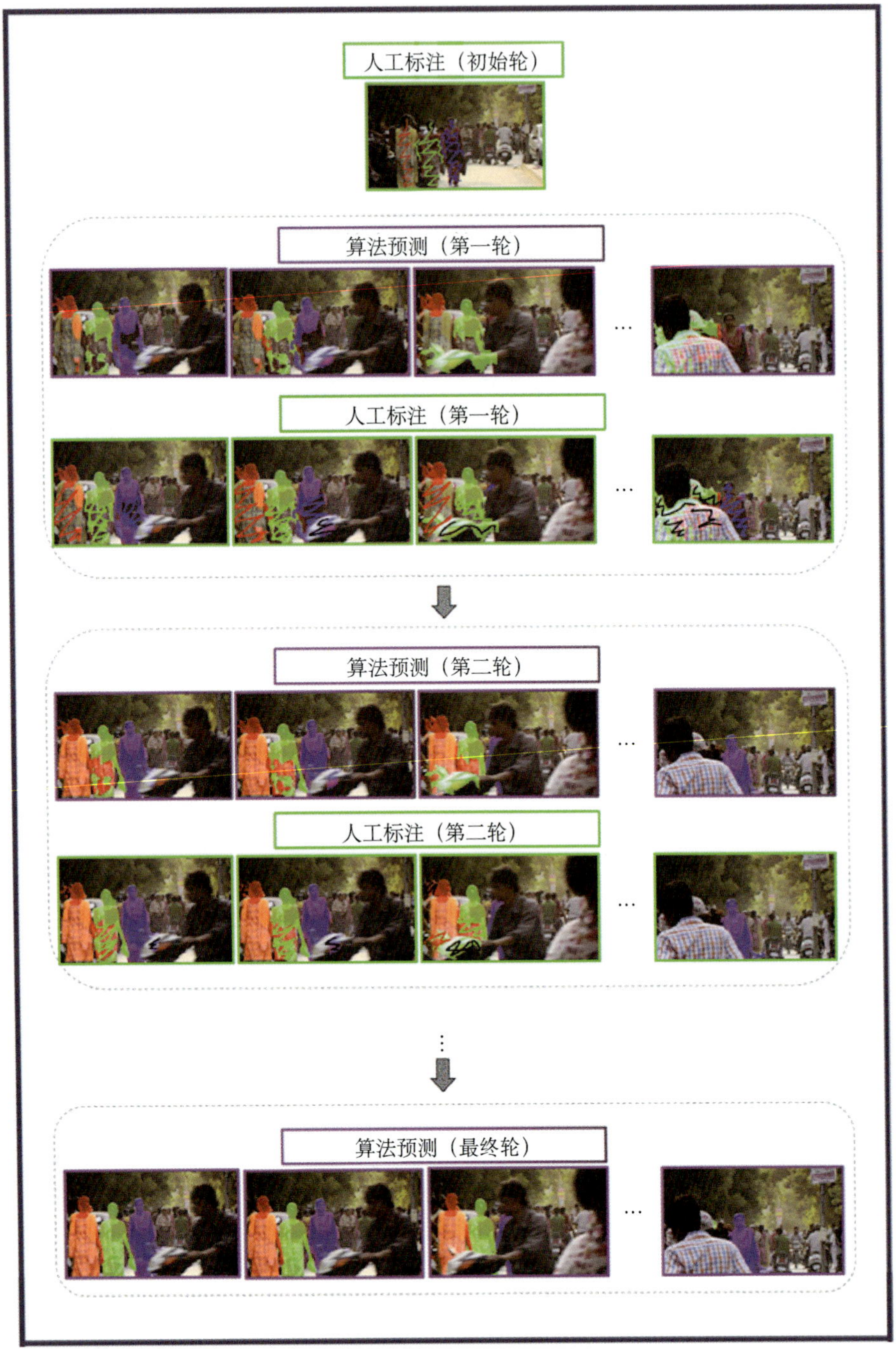

（b）交互式视频物体分割算法：算法预测根据人工交互标注迭代优化

图 1.5　非交互式与交互式视频物体分割算法示例

图 2.1　模型分割结果对比图

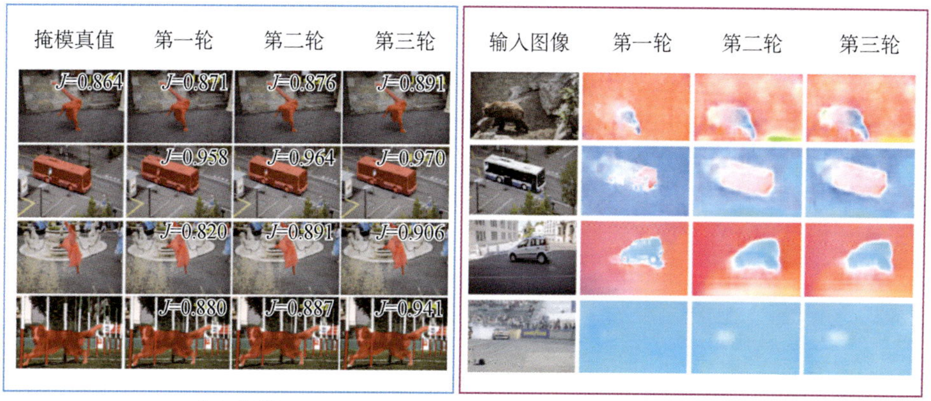

（a）掩模　　（b）光流

图 2.7　三轮迭代中的掩模和光流预测结果变化

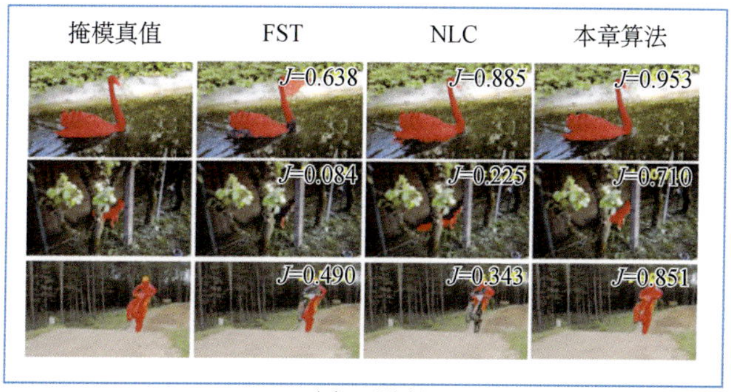

（a）无监督

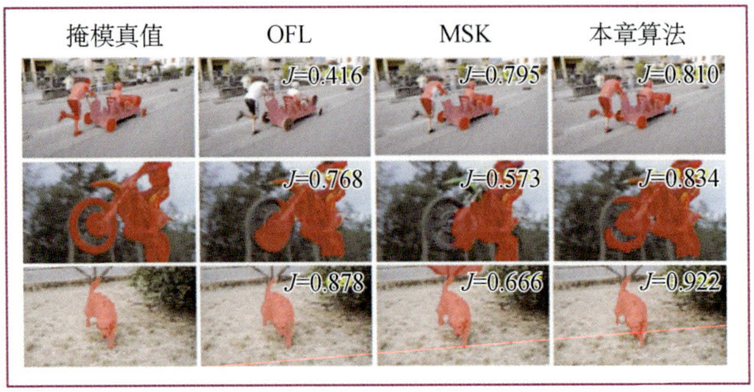

（b）半监督

图 2.10　本章算法与其他算法的分割结果对比

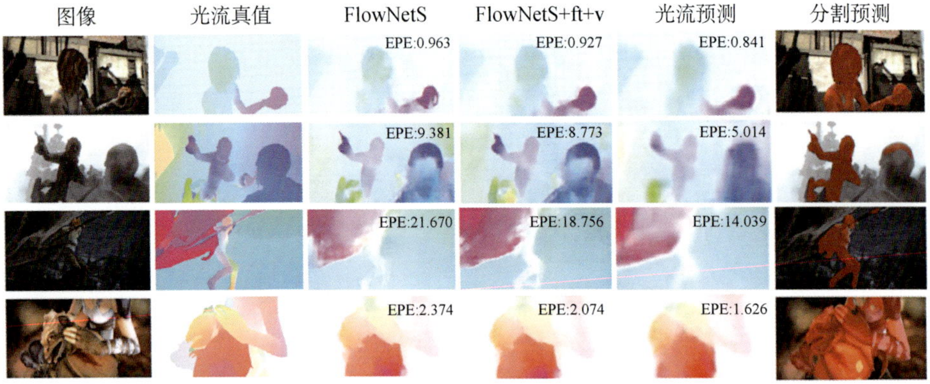

图 2.11　SINTEL 数据集上的光流预测结果示例（右两列为本章算法）

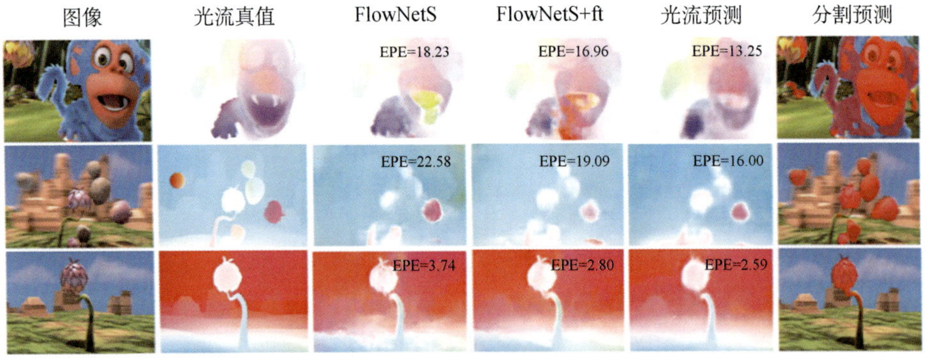

图 2.12　Scene Flow 数据集上的光流预测结果示例（右两列为本章算法）

图 3.4　本章算法部件生成与追踪结果示例，绿框、黄框分别为物体追踪和部件融合结果

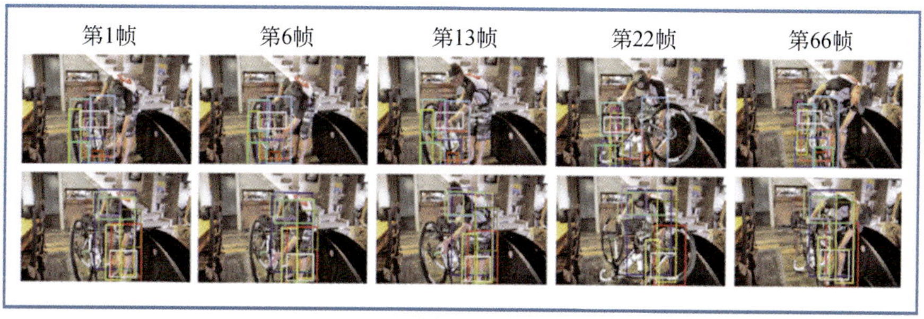

(a) 多目标

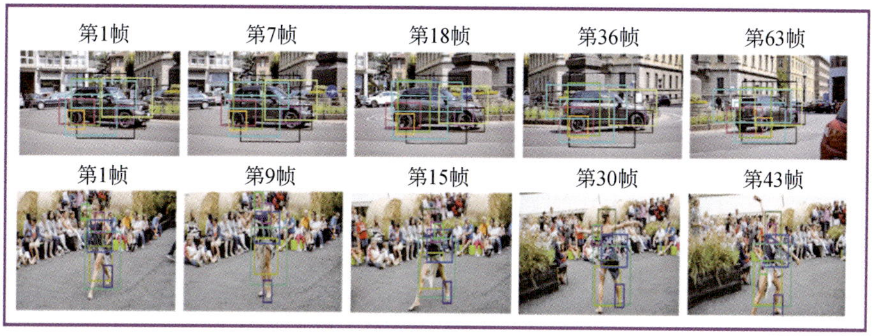

(b) 单目标

图 3.9　部件追踪结果示例

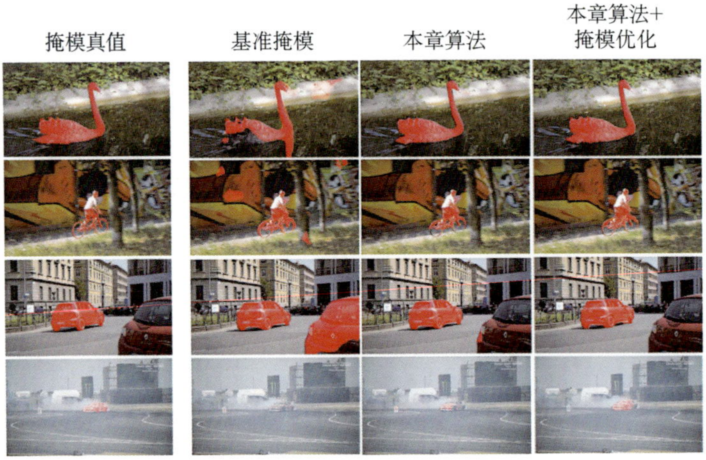

图 3.11　本章算法的视频物体分割结果对比图

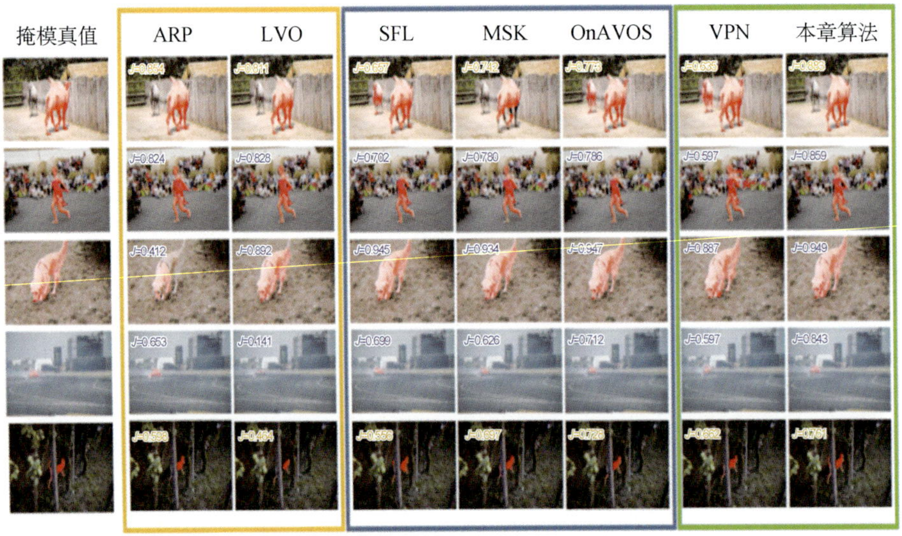

图 3.12　视频物体分割算法结果对比示例

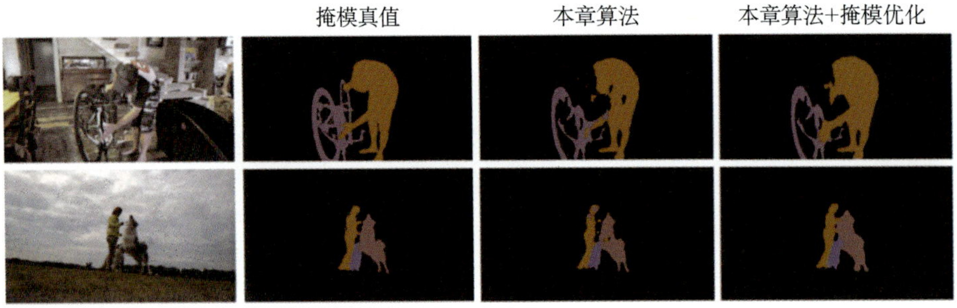

图 3.13　本章算法在多目标视频物体分割任务中的分割掩模示例

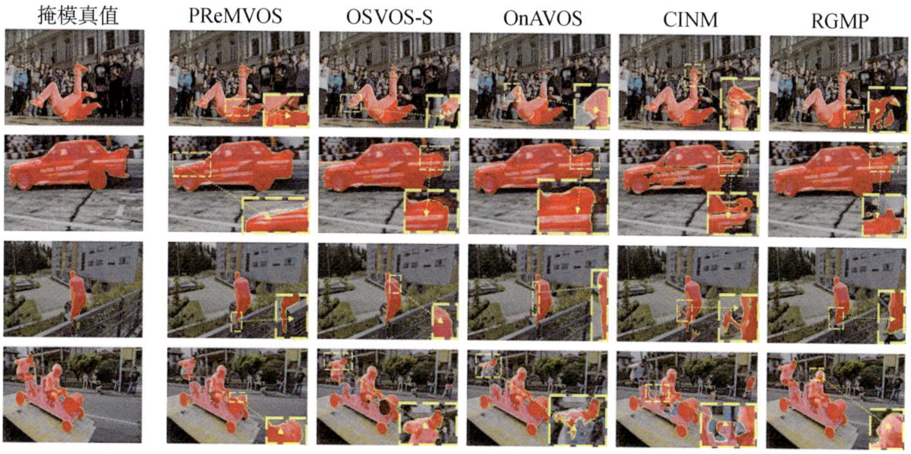

图 4.5　视频物体分割算法预测结果——高精度掩模与粗糙边缘

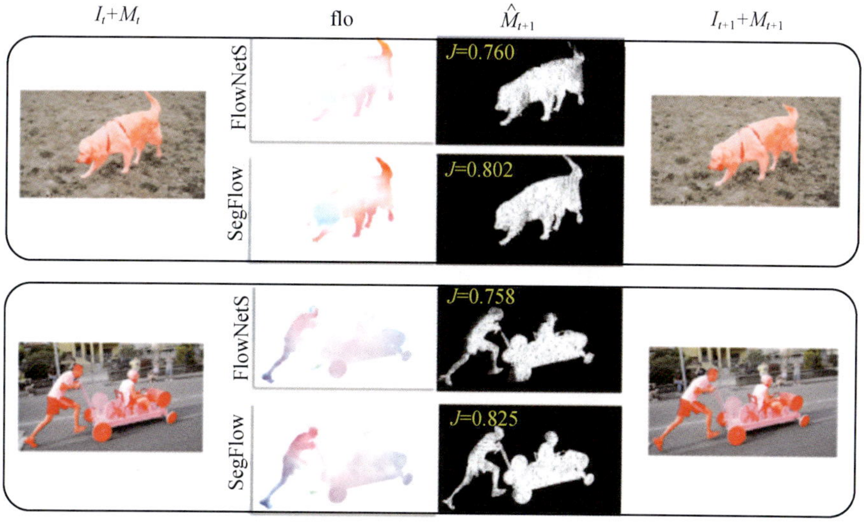

图 4.7　掩模与光流映射

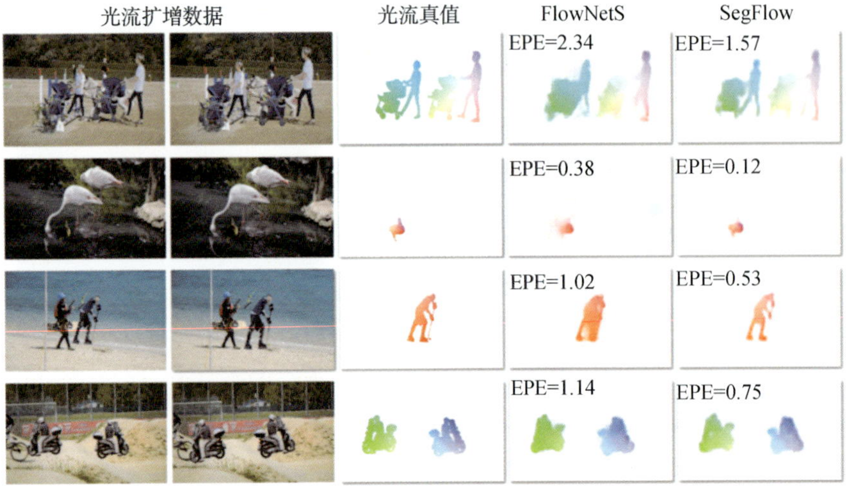

图 4.8　算法的光流预测结果示例

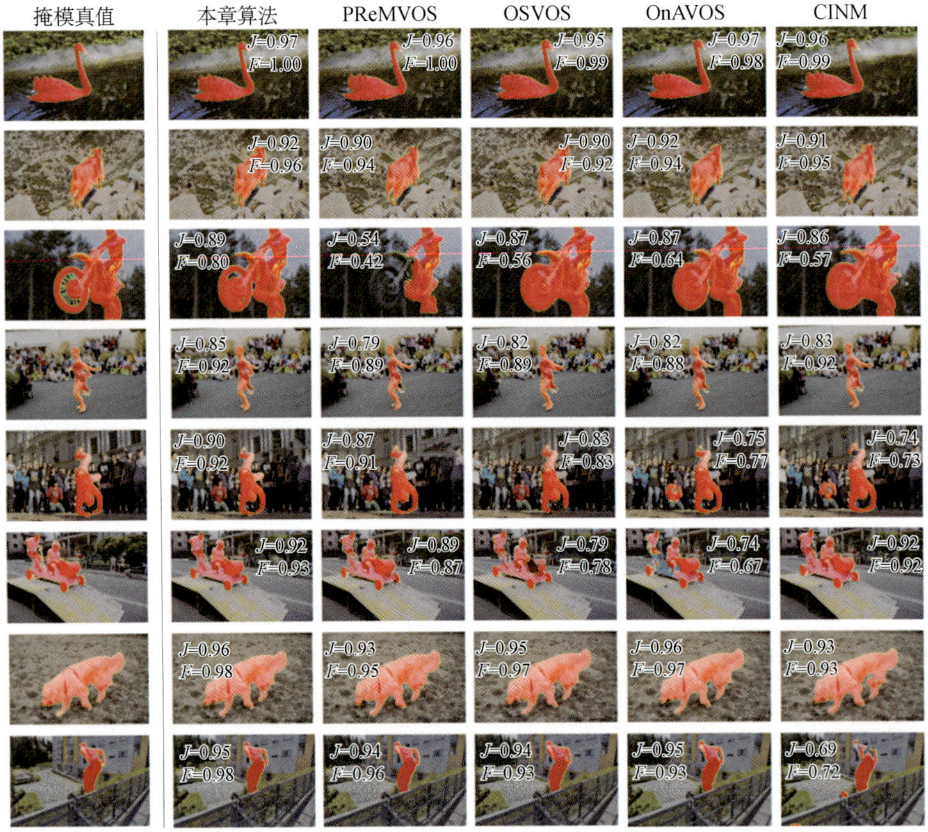

图 4.10　算法分割掩模对比

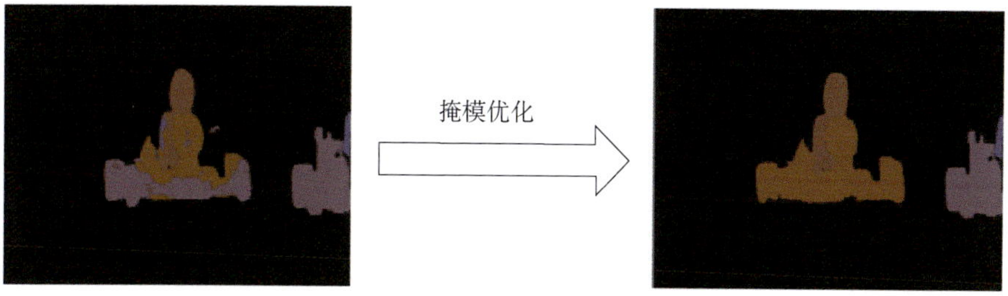

图 5.1　视频物体分割结果的掩模优化

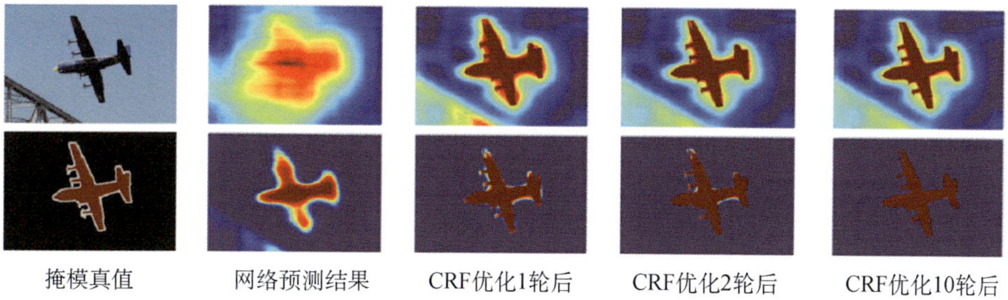

图 5.2　CRF 掩模优化技术的应用效果示例[30]

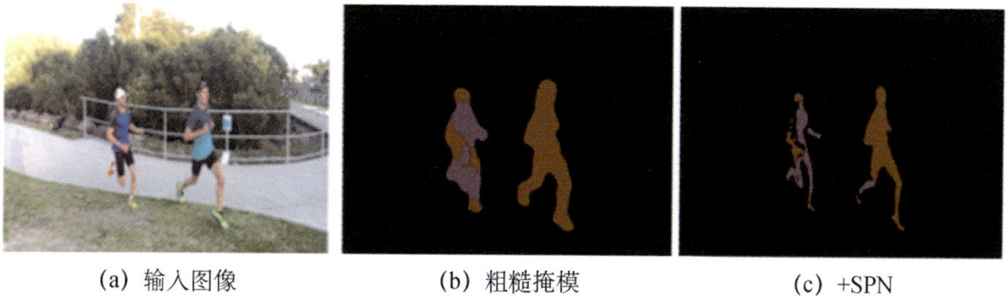

图 5.8　SPN 网络的掩模优化效果示例

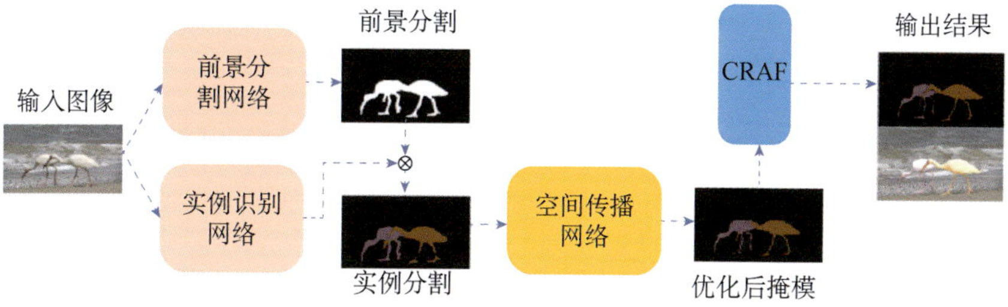

图 5.9　基于连通域的掩模优化

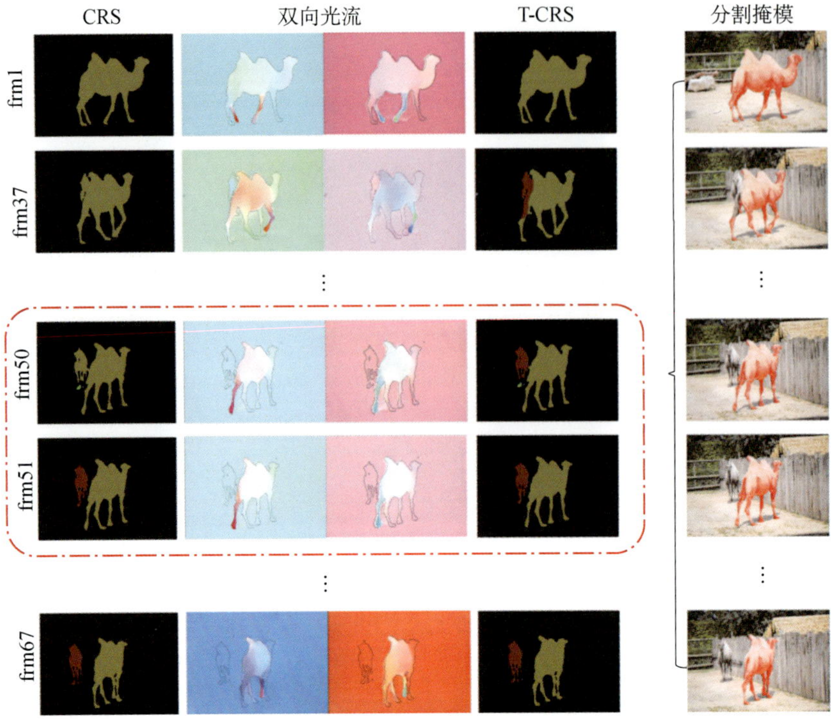

图 5.10　基于连通域和光流的掩模优化

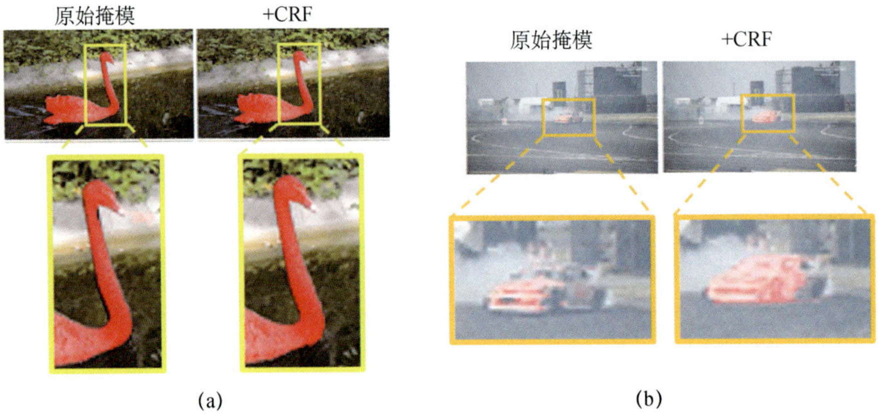

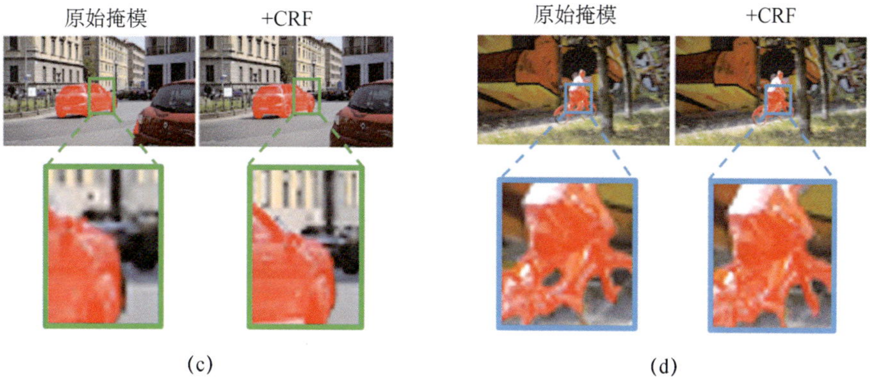

图 5.11　CRF 掩模分割效果示例

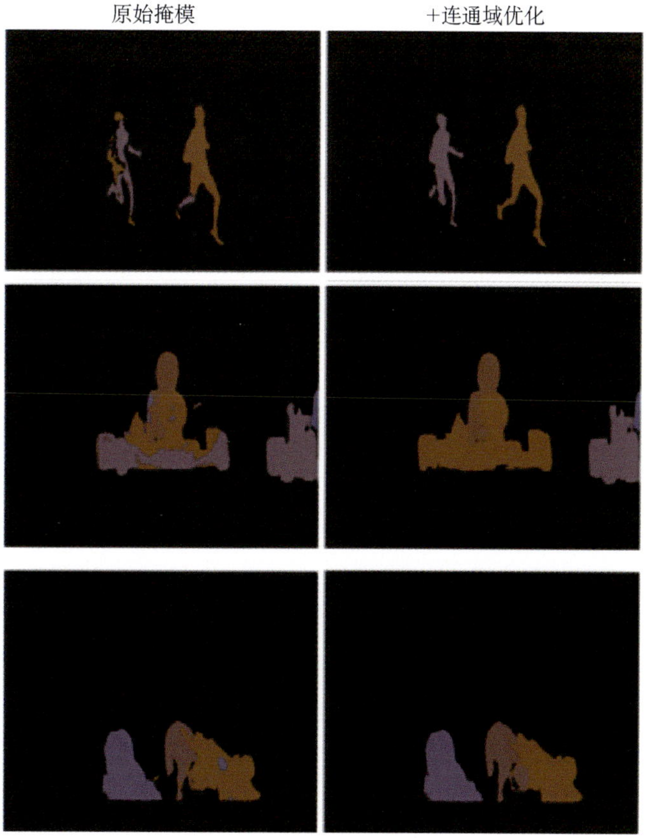

图 5.12　连通域优化效果示例

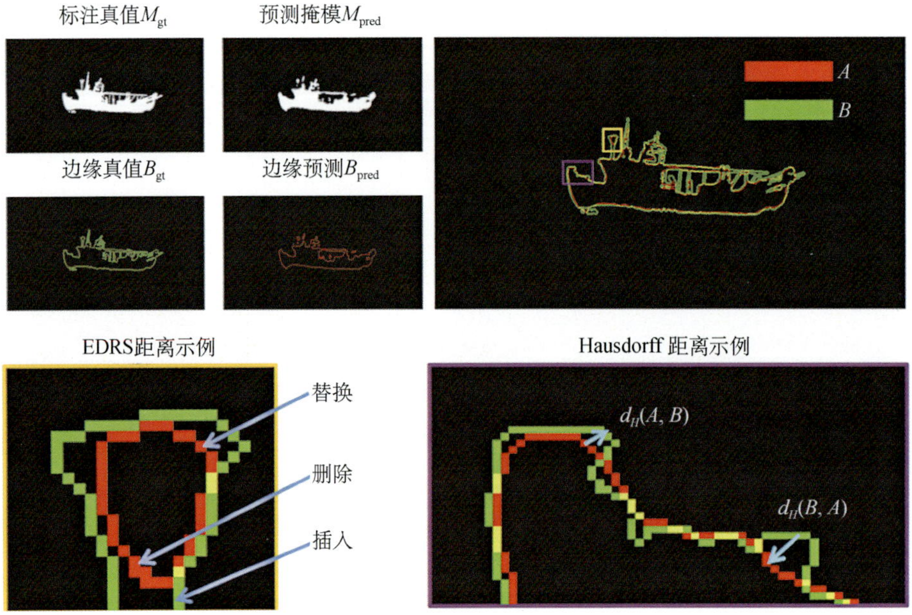

图 6.2　视频物体分割边缘质量评估距离

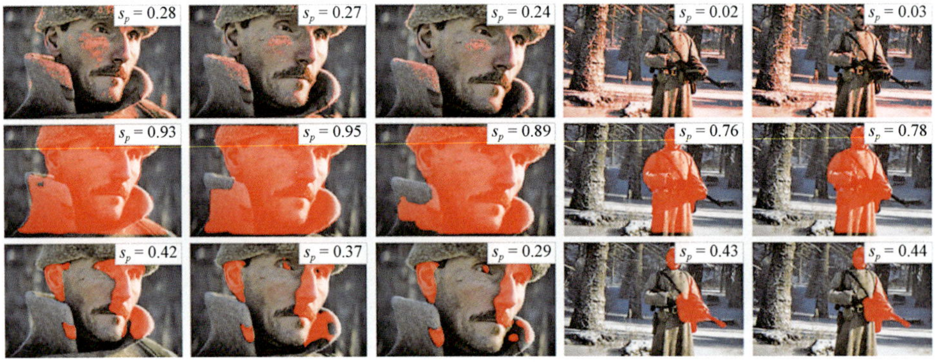

图 6.9　自动质量评估算法在任意视频上的掩模评价结果